以简单的方式过一生

独行 著

中国工人出版社

以 诚 相 待

以 礼 相 伴

用 心 对 待

愿 你 做 事 进 退 有 度

有 礼 有 矩

把 握 分 寸

拒 绝 逾 越

做 一 个 洒 脱 的 人

只要你想旅行，随时都可以

愿未来的人生中

你能多一份从容

多一份融洽与适度

上海

目　录

前 言

请进生命中的，一定是最喜欢的必需品

现在的很多年轻人，越来越急功近利，想要快速获得成功，住上大房子，开上好车子，去各种地方旅行。在快节奏的生活方式下，外在因素给我们施加了太多的压力，于是我们不断地给自己增加砝码，我们追求的越来越多，欲望也随之不断膨胀。

万事皆有度，过犹不及。人生的很多痛苦不是因为缺少，而是因为拥有太多。

沈从文先生说："人生实在是一本书，内容复杂，分量沉重，值得翻到个人所能翻到的最后一页，而且必须慢慢地翻。"人生苦短，哪有那么多时间、那么大的空间让不喜欢的物品所占据，如果你的双手紧握那些无用的东西，又怎能腾出手来抓住那些你真正在乎的东西呢?

我们已经过了青春无敌的岁月，就别把精力放在一些根本不需要的事情上。

真正的生活一定是刚刚好，而不是复杂中带来的短暂满足。

幸福的生活不是物质数量的过分叠加，不是成功光环带来的内心喜悦，而是源于自我内心的充盈，是对生活拿捏得恰到好处，是时刻保有刚刚好的要求。

处于一种刚刚好的状态，不为生活所困，人才会更自由、更有创造力。

处在一种刚刚好的状态，人才会有更多的时间做自己喜欢的事，一辈子喜欢自己。

人生有的时候真的很奇怪，既需要“打鸡血”给予自我源源不断的动力，也需要适当地学会放下。

找到真正所需的物品。网络时代，每逢节日商家都会以各种噱头、各类促销活动吸引人们的眼球。于是，很多人也开启了囤货模式，买回来的很多物品一直被搁置，占据了空间不说，还不一定能用得上。衣柜里一堆不常穿的便宜衣服随意地摆放，需要时不仅派不上用场，还把家里弄得凌乱不堪。这时倒不如认真思考一下自己真正需要的衣服是什么，结合个人风格，穿上喜欢的衣服、搭配舒适的鞋子即可，这样既大气，还显得简单大方。

朋友不必太多，知己三两人足矣。我们总觉得“朋友越多越好”“圈子越大越好”，于是抓住各种机会去认识很多人，生怕错过一个积累人脉的机会。但委曲求全迎合下的并非朋友，真正的朋友既是相互了解的，也是没有功利性的。有时，过分的热闹并非常态，一群人如若不能走进彼此的内心，就只会把自己的生命扰乱得拥挤不堪。所以，不必把太多人请进生命里。阶段性的孤单，并非身边没有朋友，只是成年人的世界里需要保持恰当的边界感，他们始终懂你、了解你。一杯清茶几个挚友，生活无须过多陪衬，彼此的陪伴、了解已是最好。生命有限，我们要把宝贵的精力留给身边最亲近的人。

富养你自己。很多人随着身份变化，尤其是步入婚姻后，一头扎进生活中，将所有的精力放在了家庭上；因为懒惰，不再关注个人成长本身，自身形象也不如从前，原有的社交圈子淡出视线，工作也是应付差事……变成了那个曾经最讨厌的自己，婆婆妈妈。但只要你认识到现状，想要改变，任何时候都为时不晚。富养你自己不是单纯地买自己喜欢的物品，而是内心清晰并且笃定知道自己想要什么，既努力赚钱、心安理得地购买喜欢的必需品，又懂得始终保持自我提升的状态。

无论你是刚走出校门迷茫而又着急的大学生，还是工作多年的社会中人，都不要着急，因为你还年轻，只有始终保持学习的状态、不给自己放松的空间，保持自己的兴趣爱好，任何时候都将自己打造成“万金油”才不会被淘汰。

这些关于简单生活的提醒，一定是一辈子幸福美好的秘诀。摸爬滚打的生活里，将那些不喜欢的事情请出去，腾出更多的空间留给喜欢的事情。一辈子就这么长，为什么要把时间浪费在无用的事情上呢?

真正的智者，总在追求一个适合的度，不急不躁、不缓不慢地追求自己想要的刚刚好的生活，这才是真正的大智若愚。

路要一步步地走，时光总会慢慢到来，要有夏日午后品茶的闲情逸致，有职场厮杀奋斗的努力精进，更要有错综复杂事物交叉下处理时的游刃有余。

当你学会舍弃那些根本不需要的东西，留下真正喜欢的必需品时，你才会发现自己真正在乎的是什么，人生也会豁然开朗，所以把时间和精力花在你真正喜欢或者在乎的事情上吧。

生命宝贵，请别浪费，将喜欢的必需品通通请进生命当中来。

第一章

最舒服的关系一定是有分寸感的

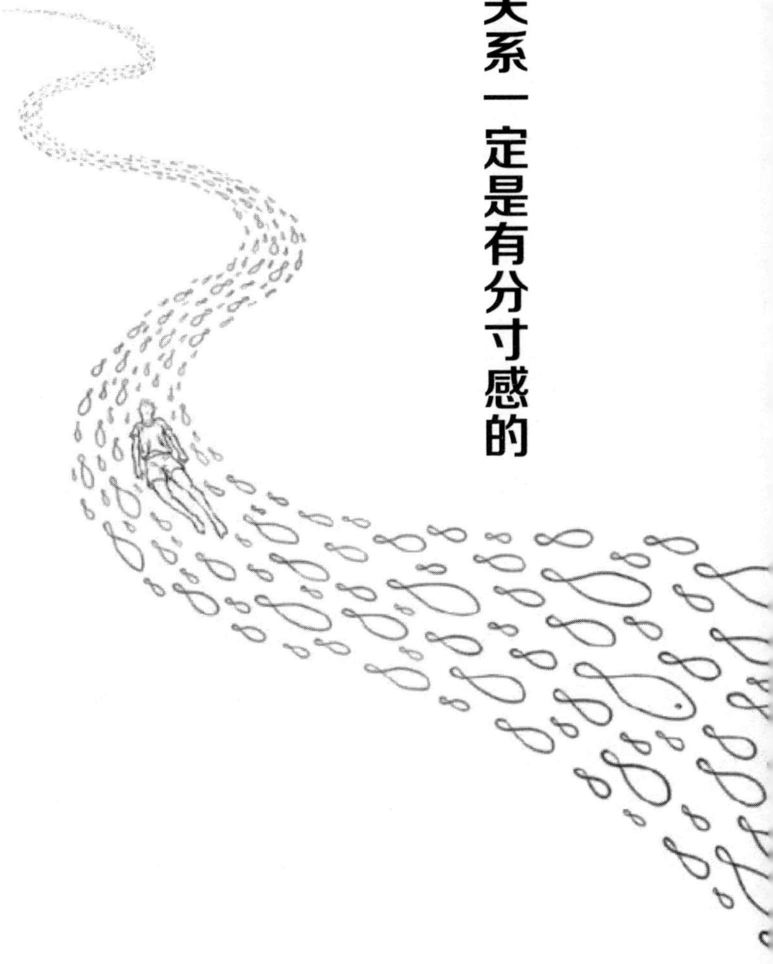

通信录，只是人头数不是朋友数

繁华落尽，夜深人静，一翻开手机通信录却不知道该找谁倾诉内心的难过与痛苦，此时的你内心一定很孤独。

我们为了增加更多的人脉，广泛交往，于是通信录的人数与日俱增，到了最后却发现，真正能陪在自己身边的朋友寥寥无几。

001

很多人误认为人脉就是人头数，于是工作上想尽各种办法结交更多的人，圆滑地游离、奔波于同事之间，工作没干好，“朋友”一大堆，最后也并未对自己的职业生涯有过任何帮助。

卫海是公司计划运营主管，性格外向，喜好结交朋友，职场上的他亦是如此。日常工作量并不大，一有时间，卫海就会拉着同事一起抽烟。同事之间的性格差异蛮大，为了尽快和同事搞好关系，卫海针对不同类型的同事采用了不同的结交策略。比如，男性同事，空闲时就一起抽烟、聊天；女性同事，则通过请教业务认识，送节假日小礼品、小蛋糕进一步拉近关系。下班后，他还会经常与“关系要好”的同事相约喝酒、撸串。

卫海和谁都熟络，得意扬扬地跟大家炫耀，公司的同事他都熟悉，有困难大家也都会尽力帮助，个人晋升一定指日可待。

在某次公司例会上，领导让卫海将公司项目检查结果予以现场演示，卫海因为对项目不熟悉、未详细了解运营工作计划，出现了数据错误等一系列问题。会上领导勃然大怒，一个入职公司半年的人，竟然也会犯这样低级的错误。后来领导才知道，卫海之前工作的呈报是有人协助他做的，后来他独自负责时，不专业而又讨巧的行为致使自己犯了严重的错误。

领导有意换人，卫海便选择了辞职，离职时还不忘告诉职场的朋友，以后常聚。可事实是，大家很快便断了联系，除了业务没有其他的交集。

职场上，能让你有辨识度的是你的能力。能力出众再加上和大家关系熟络，会提升你的个人品牌和专业形象，增加在同事中的好口碑；但如果能力一般，却又想投机取巧，熟络的人脉关系只会给你打上世故圆滑的标签。

领导不会因为你是否合群去判断你的能力、决定你的晋升。微信上的联系人并不一定都能成为你的朋友，只有专业才能赢得尊重，志趣相投才能获得志同道合的朋友。

002

很多人喜欢参加各类聚会，有的人收效甚微，有的人却做成了生意，究竟是什么原因形成如此大的差距？别人真的会因为无数次的觥筹交错而加深对你的印象吗？答案是否定的，他人对你的印象是建立在你的行为、人品、处世风格、专业或者资源上，如果双方不够势均力敌，别人为何要浪费自己的时间和你在一起呢。

闫波是我大学时候的学长，特别喜欢参加各类聚会。在他的观念中，聚会结识的人意味着人脉的拓展、意味着朋友的增多，“多条朋友多条路”这句话他始终记在心里。

今天这个朋友过生日，他准时赴约；明天那个朋友组团唱歌、喝酒，他也会放下手头工作准时到达现场，主动拿起酒杯一一认识到来的新人，还和朋友抢着买单。好不容易到了自己的生日，闫波发出了很多通知，不出所料，曾经结识的朋友大多数都来赴约，现场好不热闹。吃饭、唱歌，在众多人的祝福中，他度过了自己 28 岁的生日，和同事说起来也是骄傲满满，因为那天参加自己生日会的朋友真的是太多了。

后来，闫波在一次交通事故中不小心撞伤了对方，医药费、误工费等各类费用加起来就要好几万元，闫波没有太多的积蓄，于是他开始向朋友借钱。他想起以前自己总是请这些朋友吃饭，和他们聚会，交情也算很深了，可一听借钱，朋友的工作都变得异常忙碌，不是“你说什么，我信号不好”，就是“我现在在开会，一会儿给你回电话”，再次拨打时，就变成了持续的正在通话中。

后来，还是那几个最好的朋友临时借给他钱，帮他渡过了难关。那些委婉拒绝过且未拉黑他的人，听说他渡过了难关，又给打电话叫他出去喝酒时，他拒绝了。

此时闫波才真正明白，这些朋友不过是利用了他当时的“鬼迷心窍”与大方而已，并未真正想和自己结交朋友。这次的事故也让他清醒地看到了谁才是真正的朋友，谁才是“躺”在通信录里的那些不曾交心的人。

酒桌上，你绞尽脑汁想各种各样的话题，想要尽可能地融入其中，生怕错失了结交“人脉”的好机会，其实你把酒言欢、高谈阔论、拼命刷存在感的样子真的很难看。直到有一天，你会发现陪在身边的也只是那么几个朋友，你忘记了曾经，曾经你们只是安安静静地聊天就已心满意足。现在你才真正明白，你认识的人数不代表你的人脉数，更不是你的朋友数。

罗振宇在 2017 年的跨年演讲上说：“赋能这个词的发明人曾明说过：赢得未来的制胜法宝，不在于你拥有多少资源，而在于你能调动多少资源。”人，大多数时候是一种资源交互，并不会因为你参加了一个饭局就增加人脉，如果你没有可以提供的资源、没有专业的背景，对方的资源为什么要分享给你。

狂欢不过是一群人的孤单。

003

无论是工作、生活还是恋爱，这一生，你会经历人群簇拥，会享受结伴而行，亦能独自行走，任何时候你都要记得：

友谊要用心经营，酒肉朋友不是真朋友。良好的友谊也是需要用心经营的，若只是想通过结交“朋友”获得自己的利益，真朋友只会越来越少。真正的朋友不在于数量的多少，而在于内心的交流，在于气场，即使有争执、有冲突，依然能在某个深夜电话响起时，谈天说地许久不曾忘记，而酒肉朋友却如过眼云烟。

人无信不立，朋友之间要诚信。子曰：“与朋友交，言而有信。”对待他人诚信，对待朋友更要诚信。真正的友谊难得，答应朋友的事情就要如约完成，即便中间因为其他原因未能完成，也要及时和朋友沟通，而不是揣摩对方的心意，或者认为朋友之间不必拘泥。其实不然，我们要学会站在对方的角度，换位思考，若因为自己原因而耽误对方，反而影响了交情。

不消耗友情，学会互相帮助。真正的友谊是气场相合，是互帮互助，也是真心支持。真正的朋友之间的友谊必定深厚，即便日常互损，关键时刻一定会舍身帮助。但偏偏有人习惯以友谊之名消耗友情。单方面的付出和一味索取是不会长久的，千万别消耗友情，更不可消耗朋友的真情。

懂得分寸，任何时候不逾矩。朋友关系再怎么要好，也一定要懂得分寸，明白什么事情可以做，什么事情不可以做，别总用自己的观点衡量别人，更别触碰友谊的底线，双方都有各自独立的圈子，也会有内心的小秘密，要互相理解，留有空间。

去经历、去结交那些与自己气场相合的朋友，不断提升专业素养。用专业获得认同，以诚相待、以礼相伴、用心对待，交到一生的朋友。小酌、畅饮，即便繁华落尽亦有风情，而真正懂你的朋友永远只有那么几个，千万不要被数量的假象蒙蔽了双眼。

同事的本质就是共事

有人说职场如战场，不存在真正的朋友，但也有人不这么认为，同事也可以成为朋友，那么同事之间究竟存在一种怎样的关系，以及该如何正确地相处呢？

001

认清职场现状，接受孤独，不患得患失，将精力放在工作上。同事之间相处应该不卑不亢，多学习他人之长，切莫被妒忌之心蒙蔽了双眼，更不要让自己整天沉浸在是是非非之中。

同事之间最本质的关系就是共事，除此以外很少有人能成为真正意义的朋友。《若你遇到他》中作者居尼尔斯提到，职场中只有一种人可以交朋友，那就是和你完全没有利益与竞争关系的人。其他人再好，都只是同事而已。职场孤独是每一个人自始至终都需要学会面对的，虽然每个人在团体中为了共同的目标去努力，但似乎还是形单影只，这都是正常现象，无须介怀。

一开始很多人在工作当中对于孤独并不习惯，认为人与人之间的相处应该是友好的，于是变得郁郁寡欢，但其实你要明白工作的最大目的不是交友，而是实现自己的价值、获得足够的回报，如果将关注点过多放在交友身上，更会患得患失。

针对职场孤独，脉脉数据研究院联合小猪短租发布了2017年度《孤独经济》白皮书，其结果显示，职场中61.47%的人，平时会感觉孤独，38.53%的人不会感觉孤独。同时，白皮书指出，62.1%的在家乡生活的职场人有孤独感，58%的在外地生活的职场人孤独感更强，而经常出差、漂泊不定的孤独职场人则占比62.5%。

无论身在哪里，职场人士的孤独已经成为一种常态，于是越来越多的人想要通过与身边的同事成为朋友来获得足够的内心支撑。之所以选择同事，一个很大的原因是上班时间占比最大，见面的机会和次数更多。

但不是所有的人都适合交朋友。职场上的交友会受到很多因素影响，与其将精力用在交友上，不如想想如何更好地与同事相处。最简单、最好的办法，莫过于认清职场现状，正确认识职场孤独，保持共事心态，毕竟职场是做事的地方，不是交友的地方。当你专注于工作时，你会发现只有工作才会带给自己充实和认可。

你要真正想清楚，发自内心地意识到职场孤独是正常的，自己接受不了才不正常。因为，浮躁的内心需要专注的工作来缓解。

002

保持恰当的距离，与同事之间相处时既不过分冷漠也不过分亲昵，太亲密的关系会让人难堪，而太冷漠的关系会让人觉得生疏，拿捏恰当才是同事相处的技巧。

与其在“要不要跟同事做朋友”这种问题上苦思冥想，倒不如保持严谨的工作习惯、良好的工作态度，将更多的心思用在如何提升自己身上。

同事是一个圈子当中最熟悉的陌生人，除了工作中的熟络、业务联系、下班后稍有联系，大家都有各自的生活，因为身处不同的圈子，即使偶尔约饭、聊天，也不过是吐槽、八卦，多多少少还带着职场的影子。有人会八卦同事，意味着背后说坏话；有人打听公司，意味着违反公司规定。这样的关系缺少了真正朋友的亲密，也多了一份若即若离，所以同事之间最好保持恰当的距离。

Wendy 是部门行政专员，经理离职后，行政主管因业务能力出众顺理成章地升职为部门经理，与此同时，部门行政主管岗位就一直空缺。入职好几年的 Wendy 认为这是一次晋升的机会，于是她找机会向经理表达了想法，经理虽然没有明确回复，但从谈话当中还是可以判断出经理的态度。

Wendy 一天的工作是这样的：化妆十分钟、整理十分钟，开始工作，聊天十分钟，继续工作。因为日常业务对接较多，Wendy 总能找机会和其他部门同事多聊几句。人力资源部招聘了新同事，她要打听这个人的学历、工作履历；递单子至财务部，其间要八卦、插科打诨；审批管理部流程，“业务指导”时一起抱怨几句。时间分分钟过去，Wendy 的工作却还没有做多少。下班了别人都准备回家，Wendy 还在一边抱怨工作安排不合理，一边表示勤劳地在公司加班。

长期下来，她和同事倒是打成一片，与其他部门的关系也很熟络，但个人效率却一直很低，工作能力提升也比较慢。同时，

Wendy 竟振振有词地“教育”别的同事，人不要太内向，要多和其他部门同事交往，成为好朋友，工作开展起来才顺利，这样也会形成自己的好人缘，会交到更多的朋友。

只是 Wendy 忘记了职场的第一要义是共事，毫无距离感反而会为自己的职业带来负面影响，于她而言，工作俨然成了交友的地方。

后来的结果显然不如 Wendy 所愿，领导最终把晋升机会留给了部门的另外一个同事，那位同事工作认真仔细，和其他部门打交道时虽然不如 Wendy 的熟络，但也能处理好问题并保持工作高效运转。不久 Wendy 选择辞职，临走时，领导告诉她，“别把力气用错了方向”。

电视剧《欢乐颂》有一句台词：职场如同江湖，江湖有江湖的规矩，职场有职场的原则，如果不懂规矩，只会被淘汰。

要让自己在职场中成功立足，既要与同事保持恰当的关系，又要保证工作能力过硬，最好的方式就是摆正位置。和同事相处，绝不可意气用事，必须冷静、理智，使自己处于可进可退的有利位置。我们要提升工作能力、加强专业素养，然后好好与他人共事。

良好的同事关系会为个人的职业生涯锦上添花，过分的交往只会适得其反。

003

好好珍惜职场遇到的同事，彼此要真诚相待，若能成为朋友，哪怕是阶段性的友谊也要好好维护。

不知从何时开始，“朋友”这个词遍地开花，未经深入了解，仅有一面之缘的人也算朋友。朋友的真正要义，正如作家冰心所说：“不但相似相同的人格更容易成为朋友，而朋友往往还是你空虚的填满、遗憾的补足、心灵的加深。”

同事之间的关系很微妙，大家是为了生活聚到一起。这样的关系网之下必定有合作、有竞争，在长时间的高强度工作和繁杂程序的环境下，同事之间出现意见分歧、看法相左的状况也在所难免。所以，职场上交到朋友是幸运，交不到也是正常。

因志趣相投交到朋友，我们要学会珍惜，这里的珍惜不是卑躬屈膝，不是言听计从，不是盲目站队，而是发自内心地欣赏、学习与互帮互助。

以真诚的心态与同事相处。对待同事，你对别人是否出自真诚的关心，别人自会洞知，以诚相待，友好待人，别人才会真心对你。对待职场朋友亦如此，该把握的原则要把握好，切不可因为自己的好奇试探别人的底线，否则最后朋友做不了，甚至连同事都不能好好相处。

学会恰当地给予别人帮助。因为志趣相投才相聚，同事成为朋友时，关系也会更进一步，那么在同事遭遇困难时，可以尽可能地给予帮助，即使给予不了帮助，也可以恰当地予以关怀。美国思想家艾默生曾说："您能诚心地帮助别人，别人一定会帮助您，这是人生中最好的一种报酬。"

减少不必要的争吵。在同事相处中，难免会因为不同意见、不同观念或利害冲突等情况而产生分歧、争辩甚至吵架，此时切记不要过分掺杂个人情感，学会对事不对人，以心平气和、公正客观的态度去处理，且能适时退让一步，以消弭无意的纷争，确保良好的关系不遭到破坏。口舌的争辩、是非对错的确定并没有胜利可言，一时的口舌之快只能让自己获得暂时的满足，却会让双方关系陷入糟糕的境地。

不利用同事关系打听私密信息。职场上的同事成为朋友后，在一部分事情上可能会获得捷径，但还是要建立在良性循环上，切记不可犯公司大忌，更不要让对方为难。对于同事交代的事情，懂得什么话该说什么话不该说，什么事情该问什么事情不该问，不必要的好奇心一定要学会扼杀在摇篮中。

同事成为朋友，要学会珍惜，即使是阶段性的友谊也是难得的。职场上摆正自己的位置才是最大的善意，更要尊重他人不逾矩。

自由和房子，只能选择一样

2017 年链家和网易推出了一份名叫“房事”的大数据报告，有几项关键指标引起了人们的注意：

第一，46% 的购房者是女性，并且女性购房的占比还在逐年迅速增加，很快将会过半；

第二，女性全款买房的比例为 19.77%，比男性高出 4.26 个百分点；

第三，近三年女性买房决策周期以每年 1 ～ 3 天的速度在缩短，从 2014 年的 33.99 天，缩减到 2016 年的 28.60 天。

2017 年《女性生活蓝皮书》中的数据表明：中国有七成城市女性的名下有房产。

为什么越来越多的女性选择买房，而不是指望男人买房呢？那是因为房子一向在婚姻中的分量比较重，有房者在婚姻中拥有着话语权。也许有人说，不早就说人人平等了吗？但是一个赤裸裸的现实是，自由和房子，很多时候你只能选择一样。

001

婚前的海誓山盟，并不能在婚后给你足够的安全感，你想要的安全感和自由只能自己创造，否则鱼和熊掌只可得其一。

很多人误认为嫁个有房有车的老公，从此便可自由，安心享受，自此不再为房子奋斗。只有真正进入婚姻的人才彻底明白，一地鸡毛的婚姻里，会有另一种关系的存在，会制造让人更难挨的不自由：

周末好不容易可以睡个懒觉，清晨七点，客厅里婆婆的指责你能清楚地听见：这么晚了，还不起床，不做家务，不带孩子，不懂得照顾儿子，这个女人太懒。

外出应酬，开门时不是房内急切的牵挂，而是指责你为什么要回来这么晚。

晚上加班，不是担心你夜路的不安全，而是絮絮叨叨地讲着孩子如何不听话，还不忘叮嘱你，下次早点回来，别在办公室磨蹭。

胡冰和谢宇结婚后不久便搬到了老公婚前买的新房子当中，

房子面积虽然只有40平方米，但很温馨。两人每月一起还房贷，并不觉得有压力，过着幸福的二人生活。后来，婆婆提出卖掉这套小房子，再卖掉自己居住的老房子就可以换一个大房子，这样老两口能和他们住到一起，以后也可以帮着带孩子。

胡冰听到婆婆的“卖房令”，内心苦不堪言，因为这套房子的首付是婆婆支付的，又是老公谢宇的婚前财产，自己作为儿媳妇也不能多说。做事雷厉风行的婆婆很快便将老房子挂售在中介，家中的东西也转移到了谢宇的姑妈家，还催促小两口尽快搬家。

胡冰表示不愿意卖，因为现在的房子虽然小，但很温馨，离公司也比较近。婆婆心生不悦，坚持己见，表示购买新房子时会考虑小两口儿上班交通的事宜。

胡冰回娘家的时候没忍住向母亲提起了这个事情，母亲便邀请胡冰的婆婆吃饭，席间表达了自己的观点：年轻人有年轻人的生活，即使照顾也不一定要住在一起。

婆婆则表示，年轻人不懂得好好照顾自己，尤其是在吃饭这件事上，自己和他们住在一起也是为了方便照顾小两口儿，为他们做可口饭菜、收拾家务，以后还可以帮忙带孩子，怎么会干扰到他们的生活呢？

饭桌上，两人意见相左、争执不断，在婆婆的眼里这顿饭变成了“鸿门宴”。自此之后，胡冰给婆婆发消息，婆婆不再理她，并且指责胡冰不孝。

有句话叫作：进，我们生怕前面是一片没有绿洲的沙漠，揣着猜忌不敢启程；退，我们安分地住进受父母庇护的小房子里，捧着无耻索要自由。

在这样一段关系中，胡冰缺少了底气，那是婚姻当中“寄人篱下”的滋味。因为房子是婚前财产，房产证上是老公的名字，买房的钱是婆婆出的，胡冰再怎么不情愿、心有不甘都不能讲太多意见，除非夫妻俩共同买房或者租房子居住。

阳阳认识现任老公时，对方家里早已准备好结婚的房子。那时身边很多人都劝阳阳，一定要让老公在房产证上加上她的名字，可阳阳觉得没必要。第一，房子是老公的父母买的，虽然写的是老公的名字，但那不属于自己，自己没有底气去索要；第二，有没有房子都无所谓，婚后两个人一起买房更好，这样算是婚后财产，也是两人奋斗的动力。后来，阳阳带老公回家见父母时，阳阳的父母得知对方已经买房，便商议也要给女儿买套房子，无关乎房子大小和地段，更多的是要给女儿生活的底气。

结婚后不久，阳阳就怀孕了，婆婆欣喜地从老家跑来照顾儿媳妇。婆婆总是会提前做好早餐，将家里打扫得一尘不染，周末即使日上三竿也很少主动喊阳阳起床。阳阳看婆婆照顾自己也蛮辛苦，就买来首饰送给婆婆，还会在下班后主动和婆婆分享周围的事情，婆婆听不厌、儿媳说不烦。

外出散步时，婆婆总会向小区人夸自己的儿媳妇懂事、贤惠。

蜀道难，难不过婆媳关系。不是阳阳多么幸运遇到了好婆婆，也不是婆婆特别懂得婆媳相处之道，而是在这样一段关系中，阳阳有底气并懂得如何相处，婆婆打心眼里“看得起”这位有分量的儿媳妇。

你想要休息时的无拘无束，想要夫妻二人不被打扰的二人世界，想要自由自在的居住空间，但房子不是你的，你打心底就缺少了挺直腰杆的底气。想要心安理得地居住，要么学会隐忍，在自由和房子中选择一样；要么努力赚得属于自己的房子，自此你才能挺直腰杆不会再有被打扰的生活。

002

新时代的女性，想要同时拥有足够的自由、足够的安全感，你需要做到的是：

良好的心态。当今社会，越来越多的人习惯攀比“某某嫁给了有房有车的人”“某某命真好，老公特别有钱”，但你永远看不到她们背后的真实生活。你始终要明白，房子、孩子这两样不靠婆婆的话，你想多自由就多自由。如果为了房子换取自由，实则是捆绑了人生。

心态的转变，格局的提升。越来越多的人习惯性地从外部获得解决方案，很多人试图教会你更多的方法，可其实最好的解决办法不过是经验的累积与摸索。而这一切的前提不过是个人格局的提升、思维方式的转变。不是有句话叫作：一个人的思维方式决定一个人的认知，凡事不要过于斤斤计较，拿捏有度才最重要。

提升自己才是王道。女性虽是弱势群体，但不可天性地依靠男人，与其将所有的赌注放在男人身上，倒不如提升自己。当你越来越优秀的时候，你遇到的人也会是更加优秀的另一半。女性要多干事、多独立、多努力，少做梦，这样才能达到真正的自由。

有些东西原本不属于你，再怎么争取也是徒劳，还落得无数指责。你要么委曲求全地享受现有生活，要么挺起脊梁，努力赚取自己想要的东西。

风险靠自己承担，心安理得的生活靠自己创造，只有这样，你才可以生活得足够潇洒。

还在做梦的姑娘们醒醒吧，那些真正的自由从来都是凭借自己努力获得的。心之所向，素履以往，努力赚得属于你的自由吧！

兄弟姐妹之间也要有距离感

001

大四那年，关关原本在北京找到了一份不错的工作，准备毕业留京。也是那年回家过年，关关突然意识到父母渐渐变老，应该多一些陪伴，于是她毅然决然地选择回到老家的省会城市。父母虽然很开心，但同时又很担忧她找工作的事情。

关关告诉父母，工作不必担心，年前她会投递简历，年后积极参加招聘会。关关的父母本是非常自强自立的人，但在她找工作这件事情上却表现出过多的担忧，一直说服她一定要找表姐帮忙。关关表示真的不用，但父母按捺不住焦虑的心情，还是拜托她的表姐帮忙找了工作。

复杂的人际关系中，你再怎么独善其身，也总会为一部分的“人情债”所拖累。这部分人情债，关关的父母已经预料到，但万万没想到这样的“人情债”似乎永远还不完。

表姐所在的公司是一家大型民企，在西北五省占有较高的市场份额。表姐咨询了公司人力资源部经理相关招聘信息后，告诉关关年后上班第二天可以前往公司，找人力资源部经理进行面试。

经理是一位平易近人的女性，简单面试完关关后，将她推荐至集团旗下的一家分公司。再次面试她的人是分公司的总经理。见到总经理时，关关心生羡慕与佩服，她不但年轻有气质且足够精致，还有着强大的气场。关关立志一定要成为像她一样的人。

那时，分公司刚成立不久，很多部门也属于初建期，最开始的第一个月关关是不被看好的，毕竟她只是初出茅庐的小姑娘，没有丰富的工作经验，更没有独当一面的能力。好在关关很努力，处理问题也比较灵活，因为工作表现优异，工作的第三个月便博得分公司总经理的信任，分公司总经理也给予了她足够的机会。两年时间下来，关关已经可以独立主持部门工作。在分公司期间，她独立组织过多项活动，连续两年被评为优秀员工。很多人说关关成长得很快，但与此同时也出现了一些议论。

很多亲戚认为，没有表姐的引荐，关关不可能有后来的发展。所以，但凡是好事情，他们都认为是表姐的功劳。但关关的朋友不这么认为，他们认为表姐提供了机会是应该感谢，但关关的后续发展更多源于她自己的努力以及公司的平台支持。

本来关关的父母在这件事情上就觉得背负了人情债，他们虽然想方设法地偿还，但身边的亲戚不断重复“人情债”，让关关的父母压力越来越大。父母时不时地打电话给关关，叮嘱她要好好工作，好好对待表姐一家人，能帮助的地方尽最大努力去帮助。现实中的人们总是不由自主地认为人情大于一切，即使做了很多，依然还被认为不够。

我对人情债深恶痛绝，但很多时候也无能为力。请别人办事看上去方便，其实这样做不仅损害了关系，付出的实际成本也更大。

后来关关的工作遇到了瓶颈，准备寻找新公司。家人知道后，一直劝阻关关不要离职，要珍惜现有的工作平台。家人的“为你好”，关关很清楚，但他们不熟悉实际状况。离职于关关来讲，一方面是为了自己的职业生涯，另一方面也可以缓解家人的人情债压力。后来关关重新应聘的公司各方面都不错，她的父母也不再说什么了。如今关关已经进入新公司很久了，依然有亲戚说："如果没有当初提供的工作机会，关关是不可能找到这么好的工作的。"

关关和父母听后只是笑笑，也不再说什么了，压抑许久的心情似乎也有了些缓解。

实实在在地帮助亲人，但不要以"亲情名义"捆绑他人。当亲戚遇到困难时，要尽自己最大的能力去帮助，但不要总想着我帮助了你，你怎么不领情，反而将人情无限地放大，事事都觉得对方做的达不到要求，认为对方不够尊重自己的付出。"人有德于我，虽小不可忘也。"别人对你有恩，即使很小也不能忘记。如果以亲情捆绑对方，只会压得对方喘不过气来，突破了原有的界限，长此以往，亲情就会变味。

002

现实中总有人站在道德的制高点上绑架你，朋友不例外，亲情有时也是如此，你总要学会如何解决，总要学会如何从中脱离。

电视剧《欢乐颂》里面的樊胜美，她的妈妈每次打电话的结尾都会说，你哥有事等着用钱，赶紧把钱打回来。樊胜美被这段亲情绑架得苦不堪言，直到哥哥改变才好了一些。

亲情绑架下的人情债在我们现实生活中也很常见。主持人金星在节目中讲过这样一个案例，小美是一位不太出名的演员，人很机灵，工作基本能维持生计，老家的人对小美也有各种夸赞。有一天，小美接到叔叔打来的电话，电话内容是这样：老家正在给你爷爷、奶奶整房子，你在城里忙，人不用回来，打个20万元回来就行。

小美在北京都是租房子住，根本没有那么多的积蓄。于是她就告诉叔叔说，自己一下子也拿不出来那么多钱，建议叔叔可以先跟自己的父亲商量，等到长辈讨论出方案，到时候如果父亲的钱不够，自己再出。

叔叔听到小美的话突然翻脸，在电话中教训她：“你爷爷、奶奶辛辛苦苦大半辈子，就是为了住上好房子，这点钱你都不肯出，你以后没脸回老家了。”小美很委屈，这么多年自己赚钱也很不容易，况且她已资助堂弟、堂妹上学多年，叔叔不仅不感谢她，反而得寸进尺。

小美气不过，连夜回了老家。父亲以及家里的其他亲戚表示对此事毫不知情。后来小美的父亲组织召开家庭会议，会上大家才清楚了事情的来龙去脉，原来这是叔叔用来给自己儿子娶媳妇用的房子，只不过是借了爷爷、奶奶的名义向小美索取钱款而已。

类似的事情并不少见。亲情绑架下的人情债永远“还”不够，无论你付出多少努力，他们永远都不满足。

不要过分干涉亲人的生活，更不要肆无忌惮地索取。无论何种关系都要懂得分寸，不要事事打听，更不要时时打听。亲人的帮衬是情分，但不是理所当然。如果亲人力所能及地帮你，应当发自内心地感谢；如果不能帮你，也不要心生怨恨，要想想对方也有对方的难处。选择让亲人帮忙时，要懂得什么忙对方可以帮，什么忙不可以帮。

003

“世事洞明皆学问，人情练达即文章。”这句话的意思是：把人情世故彻底弄明白并且应付自如就是学问、就是本事。现实生活中的我们总要走过很多弯路、犯过很多错误，才能彻底悟出其中的道理。

以前听到过一句话：我们有一种天生的惰性，总想吃最少的苦，走最短的路，获得最大的收益。但真正聪明的人不会无条件地消费亲情，他们懂得适可而止，并能在力所能及的范围之内依靠自己的力量获得足够的资源。

好吃懒做的王某一家人在村子里一直声名狼藉，听大人讲过，当年王某的孩子和我一般大时，因为超生二胎，没有钱去医院生，就挨家挨户去借钱。那时村子里人人都不宽裕，在一番苦苦哀求下，王某的弟弟帮王某借钱去了医院。随着王某的孩子长大，学费也成了问题，王某又继续开始了借钱生涯。这么多年过去了，围绕在王某身边的一直都是借钱，并且尝过一次甜头之后，更会变本加厉地索取。

王某的儿子结婚有了孩子后，也像父亲一样，年纪轻轻身体也很强壮，就赋闲在家，做白日梦。当他手上有了一点积蓄，不是盲目消费，就是置办一些与现实不符合的物件。

有一句话说："借钱不还，再借更难。"王某像瘟疫一样，村里的人见了他都会躲开，可他依然像吸血鬼一样，到处借钱，轮番给兄弟姐妹打电话，一次次地碰壁之后仍然不死心。王某的第二个孙子出生时，依旧是此番场景，打了无数个电话，开了无数次口依然没有人肯借钱给他。后来，他无奈借了高利贷，结果利息越滚越多。兄弟姐妹之间都明白，这样的人一旦招惹上，就会像口香糖一样黏在身上很难去除。

所有的兄妹情谊都因为一次次的借钱而消失殆尽，所有的信任在那一次次借钱之后也都土崩瓦解，因为没有距离感的相处谁都不会舒服。

亲人之间相处要懂得分寸，更要明白“投之以桃，报之以李”的重要性。亲人虽然有血缘关系，但要想维持好亲情是要将其建立在互相尊重、互相帮助、保持恰当的距离感基础之上的。亲人之间千万不要总想着去占别人的便宜，也不要一味索取或者一味付出，这样的模式注定不能长远，也注定会被人情债绑架。

保持恰当的距离感，兄弟姐妹之间的相处才会亲上加亲，否则会越走越远。

愿未来的人生中你能多一份从容，更多一份亲人之间相处的融洽与适度。

要对异性朋友保持距离

很多人习惯不了孤独，在一个人独处的时候总是想要通过外部的力量获得内心的满足，比如外出和朋友聚会；一个人去商场，即使不买东西也不想一个人待着，总之一定要有人在身边。很多人说朋友最好的关系是陪伴，其实不然，因为不是所有的场合都适合。你要学会独处，也要注意与朋友之间保持边界感，而异性朋友更是如此。

001

前些天见到柳姑娘，就给我讲起发生在她身上的故事。

柳姑娘坐完月子之后，一直在老家带孩子，每天会定时和老公通电话。有一年国庆节，她给老公打电话，问老公是否回家，结果电话接通后，老公说自己正和异性朋友在省会城市闲逛。柳姑娘听完这个消息，顿时火冒三丈，她压制着自己的脾气问他：“你是不是忘记你的家里还有一个嗷嗷待哺的孩子，你一直因为忙没有时间回来看孩子，十一放假是不是应该回来看看孩子、看看我呢？”

柳姑娘的老公觉得妻子说得对，是该回家看看了，于是他转身便开车回了老家。听说老公要回来看孩子，柳姑娘心里还是很高兴的，可谁知老公的那位异性朋友竟然也跟着来了。柳姑娘的心里一万只羊驼在奔腾，可依然没有面露不悦，她提议，“老公，咱们一起回你家，让爸妈看看孩子”。柳姑娘的老公想了想觉得不太合适，因为自己的异性朋友也跟着回来了，带回自己的家似乎不大妥当，于是给柳姑娘回复，“你先上车，我带你和孩子去县城转转，你也好久没有出去放松了”。

听完老公的话，她抱着孩子准备坐车。还没等柳姑娘走到车跟前，老公的异性朋友却已经坐到了副驾驶的位置，路上两人谈笑风生，好不惬意，那一刻柳姑娘反倒觉得自己像外人。

柳姑娘抑制住内心不断上涨的火焰，耐着性子逛了一圈，后来老公把异性朋友送到汽车站让她自己坐车回家。那人走后，柳姑娘按捺不住的火气终于发泄出来，“你不觉得你的朋友这样做不太妥当吗，我抱着孩子坐在副驾驶不合适，但她可以选择和我坐在后排，而不是坐在副驾驶和你谈天说地，那种状态下，我最大的感觉就是我是外人，你们才是一对”。

男性和女性思维方式是有差异的，她的老公反而觉得没有什么问题，一来自己从来只是把异性朋友当作普通朋友去相处；二来他们只是偶尔聚会，并无非分之举，更无其他想法。

美国的婚姻专栏作家亨利·克劳斯说：“越界者永远不会觉得自己越界，因为刺痛的都是别人。评判越界最好的办法是，你的行为是否让你婚姻中的另一半受到了伤害。”

柳姑娘说从那以后，自己从这件事情中反思了一下，每个人与异性交往时一定要把握好尺度，不是什么场合你都可以跟着，你需要摆正自己的位置。任何朋友的交往都是如此，若想友谊长存，恰当地保持距离是最起码的原则。

作为旁观者，柳姑娘的老公以及这位异性朋友都缺乏一定的边界感，没有把握好分寸。即使异性朋友提出要跟着来，他也完全可以拒绝；作为朋友，当对方已经有了另一半时，更要学会保持适当的距离，这是维护双方友谊的最好方式。

与异性交往时不要自作多情，始终不要逾矩。异性朋友在一起久了，一旦任何一方有情有意都会导致友谊阵地的沦陷。保持恰当的距离、抵挡蠢蠢欲动的欲望，别把好感错认为感情基础，更不要做出超越友谊的行为，即便以“哥们”相称，也要懂得交往的分寸、性别差异，以及设身处地地为他人（伴侣）着想，否则友谊就会变味。谨记，距离产生美。

002

聆听者，是化解郁闷与内心不快的良药。男人的阳刚之气是果断、女人的阴柔之美是温婉细腻，我们都渴望在疲惫时获得一份慰藉、快乐时获得片刻分享，让灵魂的港湾随时停靠、让孤独的内心获得依靠。你希望得到一缕春风的抚慰，如土地被细雨滋养，愿望虽是美好的，但规矩始终是要遵循的，因为异性朋友的友谊只有始终不逾越才可以长存。

苏娜是办公室公认的美女，身材好、形象好、气质佳，性格外向。妈妈帮着她照顾孩子，也少了可能会面临的婆媳矛盾。每天下班后，苏娜不会像其他已婚人士一样，准时下班回家陪伴孩子，她早已习惯了母亲对孩子的照顾，可在孩子教育问题上，母亲坚持让女儿自己教育。母亲偶尔会在下班许久打电话催促她回家，只听电话那边瞬间吼起："你怎么还不回家，你上班赚钱是为了什么，当妈就要有当妈的样子，孩子不是扔给我就结束了，带孩子我可以，但教育孩子是你的责任……"

入职一年多，苏娜逐渐与身边的同事打成一片，她会经常吆喝着"让财务经理（男性）请吃饭，一起喝酒侃大山"。时间长了，两人的关系相处得也比较融洽，用苏娜的话说双方搞好关系是为了更好地开展工作。

有次下班，苏娜说要在办公室等老公来接她一起回家。过了一会儿，老公打电话告诉苏娜，他临时加班需要很晚才能回家，让苏娜自己坐车回家。那天苏娜没有开车，便相约还在办公室加班的财务经理一起吃饭。再后来，办公室中和苏娜关系好的人，开玩笑说苏娜是财务经理的女朋友。苏娜也不觉得有什么，只是玩笑的尺度越来越大。

两个人都处于已婚的状态，即便是很好的朋友也要保持恰当的距离，当不分时间、场合的玩笑越来越多，接触越来越频繁，放松了尺度之后，必定会让家人、朋友不舒服，也可能会给对方带来一定的伤害，所以掌握好尺度是必需的。

于丹说，要本着平等和理性的态度去尊重每一个人，彼此之间留一点分寸，有一点余地。花未开、月未圆，这是人间最好的境界。

不随便相处，不过分依赖。成年人的世界中，倘若缺失了家庭责任感就会逐渐滑向出轨的边缘或者深渊。此时，异性朋友之间的相处，应该更加清楚，哪些事情可以做，哪些事情不可以做；哪些玩笑可以开，哪些玩笑不可以开。过分“暧昧”的言语、过分随意的行为对双方都没有好处，量变到一定程度会产生质变，所以相处时一定要掌握好度。

003

异性朋友的相处如同两条平行线，是齐头并进但又各自走路，无论爬过多少山、绕过多大弯，都保持永不交集的安全距离，同时也不会越走越远，既能欣赏到对方的优秀，又能保持那份神秘感不被一眼望穿，火候不大不小，一切刚刚好。

尚尚喜欢热闹，身边的朋友也很多，下班经常会和同事或者朋友一起聚会。尚尚有一个关系甚好的女性朋友，每隔一段时间就会与尚尚视频聊天，用尚尚的话说，两人之所以关系好就是因为有共同话题。

后来尚尚有了女朋友，女朋友告诉他，自己并不介意尚尚和朋友聚会，但对于与异性朋友经常视频聊天仍会让她觉得不舒服。尚尚一直觉得是女朋友想多了，自己与异性朋友只是普通朋友关系，而且自己始终都未跨越朋友之间的那条线。

后来女友和尚尚在一起时，依然会经常见到异性朋友跟尚尚视频聊天。看到女友面露不悦，尚尚会告诉异性朋友，自己在和女友吃饭，并且告诉女友，“你放心，以后聚会我都会带上你，一来告诉大家我已经有女朋友了；二来也让你放心”。

很多朋友开玩笑说尚尚重色轻友，但尚尚却不这么认为，他一直秉承这样的原则：两个人在一起虽说要相互信任，但这一切的前提是要让对方了解自己的圈子、了解自己的处世方式。

有了你我什么都不缺，心再野也懂得如何保持距离，要学会更好地拒绝，将一切不恰当做法的苗头扼杀在摇篮中。

保持恰当的边界感。很多时候我们避免不了与异性相处，保持边界感不是要你不和异性讲话，也不要像刺猬一样包裹自己，或者要刻意与之保持较远的距离，而是秉承原则，游刃有余地处理好异性之间的关系，不卑不亢地面对与异性的相处，一旦发现不恰当的行为要及时并巧妙地将此制止，因为最好的结果便是保持恰到好处的朋友关系。

亲密关系的距离

可进可出，若即若离，可爱可怨，可聚而不会散，才是最天长地久的一种好朋友。

——三毛

001

我一直以来都属于比较好说话的一类人，也乐于助人，但这种性格经常会造成自我烦恼，因为有很多人喜欢“拿来主义”，虽然明明有很多问题可以通过百度获得答案。我一开始是不太懂得拒绝的，经常会放下手头的工作跑去帮助别人，到了最后不得不加班加点完成自己的工作任务，导致自己疲惫不堪。

有次下班回家，一位朋友微信留言让我帮她写篇报告，“亲爱的，帮我写篇报告呗，这些是你擅长的部分，半路出家的我不大懂。明天一大早要上交，写好后直接发我微信就成，这会我要和朋友外出”。消息发送时间显示是 19:00，待我忙完手头工作看到消息时已经是 21:30。

那段时间我工作的确很忙，晚上回到家还有很多家务要做，看到这条消息时内心非常不爽，我特别想告诉她：你可以收集好基础性的资料然后再给我；当然最好的办法其实是你自己做，我可以帮你提意见。话到了嘴边最终还是忍住了，我想想怎么也是好朋友，权当是复习功课了。待我做好整个报告已经凌晨了，发微信给她竟然没回复，我想她大概已经睡了。

只是后来，她找我帮忙的次数越来越多，不分时间的各类问题咨询，涉及事情完全与我无关。后来我们的交集越来越少，再后来她依旧“拿来主义”地咨询问题，我索性拉黑了她。不是我多么绝情，而是在这段关系相处当中，单方面的付出却毫无所获也是很累的一件事情。

英国作家在《柠檬桌子》中有一段话：那时你还是个孩子，你认为你拥有了许多朋友，但事实上，你拥有的仅仅是伙伴而已。你总有一些路要独自走过，毕竟随着我们身处的环境不同、圈子不同，总有一些人会逐渐进入，一些人会逐渐淡出。

前些日子，我的一位同事在微信上帮他朋友问我问题，我看到的不是“在不在”，而是言简意赅的问题描述。我简单询问过问题内容便直接回复个人建议。同事问完后不忘发送一个感谢红包给我，他说：“很抱歉占用你的下班时间，我想来想去觉得这个问题还是应该咨询你的意见比较合适，非常感谢你，红包金额不大，你一定要收下，这是我的一片心意。”真诚的语言和红包，表达了他的感谢和诚意。

我既诧异又感动，很少有朋友在麻烦我过后给我发红包，我也并不是认为所有问问题的人都需要发红包给对方，只是他足够真诚的言语和感谢告诉我们：他人没有义务为你的疑问买单，时间对所有人来说都是一样的，当你想要感谢别人时千万不要敷衍，哪怕只是一句话也要足够真诚。

“朋友”也要断舍离。好的朋友一定是相互成长、相互进步的。如果一段关系相处起来不快乐、不开心、又很累，不妨选择放手，太过精明、太过算计，往往会错失很多东西，包括友情。我们都说要果断舍离不适合自己的物品，其实朋友也是一样，不是所有认识的人都称得上好朋友。

002

有句话叫“多个朋友多条路”，太多人习惯参与各类场合、各种圈子结交所谓的人脉，如果你没有足够的资本，一定收效甚微。日本猎头冈岛悦子在《人脉力》一书当中这样定义人脉力：构筑人脉，不是为了巧妙地利用门路生存，而是为了获得能够最大限度发挥自己能力的机会。说白了，人脉就是资源的互换，能力的势均力敌。还有一句话叫作“千金易得，一友难求”，岁月的长河里，你终究会明白什么叫作真正的朋友。

在甲甲的眼里，我是一个怪人：不喜欢去热闹的场合，不喜欢聚会。这样的行为足够说明我不合群。甲甲常常苦口婆心地劝我：“你要多出去走走，多参加聚会，这样有助于帮你认识更多的人、拓展更多的人脉资源。”

甲甲和我恰恰相反，他极爱热闹，一方面是业务出身的他认为自己需要通过各类聚会结识更多的人，拓宽自己的业务面；另一方面，他足够外向的性格，让他习惯参加各类聚会，每年生日总会有很多人帮他庆生。这样的生活持续了好几年，后来甲甲因为家里发生急事，需要找朋友借钱，没想到一夜之间很多朋友都消失了，只有个别朋友给予甲甲一定的问候和力所能及的帮助。

事情完全解决后，甲甲发了一条朋友圈，“感谢真正陪在我身边的人”。

后来，甲甲告诉我他很少参加类似的活动了，而是有目的、有选择地参加，他将更多的精力放在了自己和家人身上，并承诺“不喝酒、不打麻将，专注自我提升”。事实证明，他的确做到了。

三毛曾说：“朋友这种关系，最美在于锦上添花；最可贵，贵在雪中送炭；朋友中的极品，便如好茶，淡而不涩，清香但不扑鼻，缓缓飘来，似水长流。”

学会接受朋友一起时的热闹，也能享受一个人时的孤独。低质量的朋友不如高质量的独处，成年人的友情显然不是孩童时代。奔波于江湖中，我们总希望成为更好的自己，遇到更对的人，但万千人中依然需要寻找适合自己的朋友。磁场相同自会吸引，真正的朋友是即便我们很少联系，只要你有需要，他随时会伸出援助之手。

003

在网上看过一篇引发网友热议的文章，其中有一段话：

在北京，交换过名片就算认识；一年能打几个电话就算至交；

如果有人愿意从城东跑到城西，和你吃一顿不谈事的饭，就可以说是生死之交了；至于那些天天见面，天天聚在一起吃饭的，只能是同事。

刘瑜说过：“有些人注定是你生命里的癌症，而有些人只是一个喷嚏而已。”网络时代下，友情似乎已经变了味，但好的友情依然真挚、难得，也不需要特别费力维护，不需要时刻陪伴，有时遥相呼应，不亦乐乎。

你是怎样的人便会遇见怎样的人，好的朋友如吸引力法则定义的那样，你们总会因为彼此身上不同的优点相互吸引，从不强求，知己二三便已经很幸福。

女人之间的友谊大多没有规律可循，很多人会因为各种各样的原因渐行渐远，比如妒忌。民国才女林徽因因其才华横溢、热心肠以及好强的性格，导致很多女人将她当作敌人。“木秀于林，风必摧之”，陆小曼因为徐志摩的关系介怀林徽因；冰心在《太太的客厅》中暗暗讽刺林徽因的爱出风头，从此形同陌路。

费慰梅，一位精通中国艺术和建筑的美国学者，比林徽因小五岁，两人学识修养相同，但性格却大相径庭：费慰梅安静沉稳，林徽因高谈阔论；费慰梅从不因为林徽因的才华而产生嫉妒，她总会安静地倾听林徽因讲话，林徽因亦曾感慨“我从没料到我还能有一位女性朋友，遇见你（费慰梅）真是我的幸运”。

林、费之间的友情可遇而不可求，遇见了便要倍加珍惜。

珍惜那些默默陪在自己身边的朋友。好的朋友之间相处舒服、毫不做作；彼此互相尊重，像家人一样互相牵挂；有自己的悄悄话，没有理所应当的索取，也没有彼此消耗的利用；相处时双方都希望能成为更好的人，共同努力提升自我；心生羡慕却从不妒忌，彼此鼓励却从不打击，相互帮助却从不敷衍。

珍惜弥足珍贵的友谊，相互帮助、相互尊重、相互支持，成为更好的彼此。

第二章
工作也要分轻重缓急

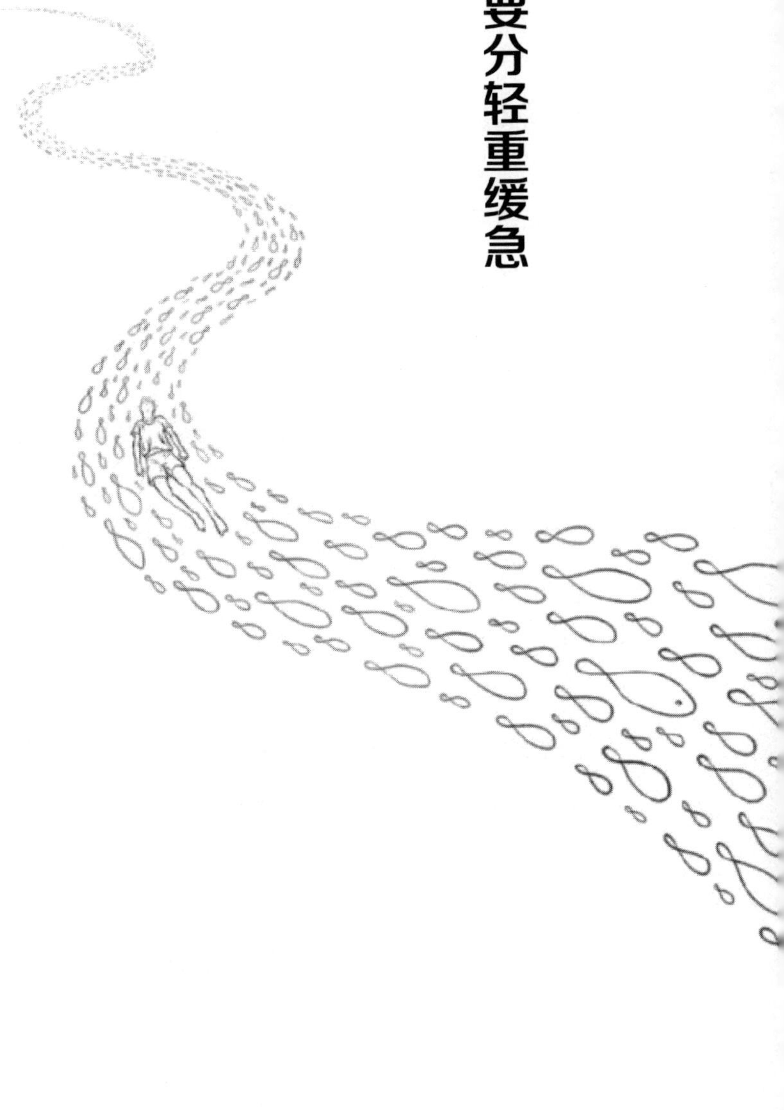

试着将眼前的事情分门别类

你是否常常有以下状况发生：

工作繁忙时，面对乱糟糟的办公桌，感觉心烦意乱，找了半天都找不到你想要的文件。

工作任务较多时，面对不断被临时增加的任务，感觉内心烦躁，抱怨归抱怨，任务终究是要完成的，但一大堆的任务无从下手。

……

要从现有的繁杂工作中脱离，依靠的是有效的工作方法，抱怨、情绪低落只会让工作越来越糟糕。要做到高效处理工作，不妨将眼前的事情分门别类。

阿兰·巴德利于 1974 年创建的理论体系中，描述了大脑中用于暂存和处理信息的结构和程序。

“中央执行器”控制着我们的认知过程，对信息进行分门别类，它扮演首席执行官的角色。“语音回路”通过复述的方式储存我们看到的东西，它的容量有限，使得简短的内容更容易记忆。“视空画板”上保存了我们看到的信息，它帮助我们判断距离或进行视觉想象。“情节缓存”是一位多面手，它跨领域进行沟通，建立起统一的视觉、空间、语言和时序单元，对于长期记忆，它也是一位不错的帮手。

因为工作记忆的容量有限，所以一个人的大脑并不能分心，正在忙的事情如果被打断去处理另外一件事情，很容易花费很长时间才能够回归到原有的事情上来。长此以往个人的工作效率不仅不会提升，工作也不能及时得到处理，甚至还会耽误原本重要的工作。

将现有工作分门别类会加速工作的转化、提高工作的效率，使得工作不再堆积。

美国畅销书作者戴维·艾伦认为，人生最大的不安不是缘于事情太多，而是有很多事情我们本该做却没有做，跟别人说了我们要去做终究却又没有做。很多时候，我们被各种任务压得喘不过气来，其实并非因为任务本身，而是任务在大脑中的混沌堆积，造成了心理上的焦虑和抵触。

很多人一边做着这件工作，一边又想着领导刚才布置的另外一个任务，心情烦躁，精力无法集中。此时最好的方法就是保证工作高效运转，逐一清点大脑里的这些事务，将心中所想的所有的事情都写下来并且安排好下一步的计划。这样，才能够心无挂念，全力以赴地做好眼前的工作，提高效率。

大脑是用来思考的，不是用来记事的，否则会被各种冗杂的信息塞满，却不得空闲做重要的事情，长此以往总会有一种“好像还有一件事情我没做”的直觉。我们的大脑每天耗费太多时间提醒我们该做又没做的事情，所以应该把大脑从这种思维中解放出来。

如何将眼前的工作进行分类，对此提出两种办法：

第一种　GTD 法则

GTD 法则，是戴维·艾伦在《尽管去做：无压工作的艺术》一书中提出的概念。

GTD 就是 Getting Things Done 的缩写，翻译成中文，就是“把事情做完”。它的核心在于将所有要做的事情记录下来，然后进行归类，确定接下来的处理办法。对于一些无法确定的事宜纳入一个叫作可以掌控的系统里，然后去执行，确保所有的事情执行到位。具体方法如下：

1. 进行清理收集。拿出一个本子（也可以是各类 App，根据个人习惯确定），在上面记录所有你需要做的事情，进行思考，将自己最近必须做的、想要做的、眼前需要做的各类事情一一罗列下来之后，把一切信息从脑海中赶出。

2. 任务加以整理。所有的任务在上个步骤中已经罗列出来，此时要做的就是将任务加以整理，作者建议建立一个 Excel 表格（当然也可以按自己的喜好进行，例如制作思维导图或者自己在本子上分类），按照“将来 / 也许清单”（将来可能要做的）、“等待清单”（计划清单）、“行动清单”（需要立刻采取行动的）进行分类，将自己罗列出来的事项分门别类地划分到三类清单里，同时，制定相应的日程表确定各类任务完成时间节点、制订行动计划。

很多人的习惯是知悉目标之后按照喜好直接执行，这样的缺点是缺少可控性，也就是说如果中途一旦被别的事情打扰很容易导致任务半途而废。

在这里举个例子，很多人参加写作课，课程要求是每一周内完成案例拆解和主题样稿的写作。很多人刚开始并不习惯这个节奏，也没有任务的可控性，按照原有习惯就是：我有时间再写呗，只需要在节点时间内完成即可，可空闲时间不是忙了其他事情就是不知道如何下手。如果制订了行动计划，将案例拆解和主题文章写作根据步骤分解，完成任务就是很轻松的事情，更不会在一次次后悔中浪费课程学习的有效性。

3. 检查回顾。根据具体工作任务的时间分类，每天或者每半天进行任务的回顾与检查，及时更新未来几天的计划工作。

4. 行动。有了这份清单后，就是认真去执行了，而不是停留在想法或计划上，万万不可做“思想上的巨人，行动上的矮子”。

5. 制订工作计划，每天早晨上班开始工作之前制订当天的工作计划，或者每天下班之前制订第二天的工作计划。这样有利于对工作目标的明晰，帮助工作者快速进入工作状态，而不是别人都已经进入工作状态了，自己还在思考今天要做什么这样的问题。

第二种　四象限法则

四象限法则是在《小强升职记》一书当中提到的，归纳如下：

四象限法则是时间管理当中的一个重要法则，针对工作可以分别按照紧急 / 不紧急、重要 / 不重要来为工作分类。

判断一件事情紧急与否，就看这项工作的截止日期。一天以内就要上交，那当然是紧急工作；如果要求半个月之后上交方案，那就属于不太紧急工作。

重要不重要，就要按照工作实际现状来衡量了。具体事宜具体衡量，大可不必拘泥于含义的界定，灵活处理即可，很多人经常会为此产生过多的纠结。

根据四象限法则，工作可以分为四类：

第一象限，重要而且紧急。往往是需要立刻解决的工作，比如明天一大早召开的安全工作会议、第一时间解决员工打架等矛盾。对于这类工作，没有什么回旋余地，必须第一时间去处理，当然在此需要区分紧急但不重要的工作。

第二象限，重要但是不紧急。比如，编写工作计划、参加培训、整理和总结近期部门工作重点。这类工作其实是最重要的，在时间要求上相对来说比较宽泛，但也要在规定的时间内完成，如果一味拖延最终也会变为重要而且紧急的工作。

比如，工作资料的归类与整理，工作中其他内容的学习，这些都是重要但不紧急的工作。可是如果你一直认为，反正这些任务也不紧急，放一放再说吧，“懒癌”细胞一旦发作会越拖越久。当一个新的工作内容到来，需要这些资料时，你却没有整理出来，这时就只能临时抱佛脚，突击整理、突击学习。那么这就是第二象限的工作因为没有给予足够的重视，最终转化为第一象限的工作。

如果你能快速、有效地解决这些工作，第一象限的工作任务只会越来越少，也就不必忍受拖延症带来的负面影响。

第三象限，紧急但不重要。比如，工作时员工突然打来电话咨询工作事宜、微信消息不断闪烁、临时召开的主题会议。这个象限的精力耗费是相当无奈的，因为它们不属于你的可控范围，但又不得不面对。而且很多人每天做的最多的，就是第三象限的工作。

这些工作，恰恰就是我们忙碌且盲目的源头。如果在这个象限内管理不好自己的时间，很有可能将时间浪费在一些无聊的事情上。所以，时刻提醒自己每天堆积在一起的工作，对于那些并不重要且可以分散、可以舍弃的，要尽量“放弃”。但如果必须要自己去做的，那就快速结束；对于不是自己的工作坚决不要主动揽活，必须学会委婉地拒绝，尽量减少这个象限的工作。

第四象限，不重要也不紧急。比如聊天、刷网页、看书，这些都是让你自己放松下来的事情，但是你必须意识到，他们不是工作而是会影响你工作效率的事宜。你必须提醒自己，一旦进入工作状态，这个象限的事情就不要去做，不得已去做也必须是在规定的时间内高效处理，一旦沉迷于网络的世界里，时间只会快速消耗。

接下来我们需要做的，就是将每天源源不断的待办事项放入所属的象限中，然后再去分配。第一象限的工作毫无疑问必须优先处理；第三象限和第四象限的工作，尽量避免；对于一些需要回答但不是特别着急的问题可以固定时间回复，减少这类时间的消耗；而最重要的，是把更多时间放在第二象限的工作中。

工作中对于提升个人绩效的方法有很多，也要因地制宜、灵活运用。眼前的事情分门别类，一旦步入正轨，工作效率会越来越高，工作状态也会越来越好，久而久之会成为自己的工作习惯。

不一定要做老板，成为资深专家也好

001

前段时间，一则摩拜单车女创始人胡玮炜“创业三年套现15亿”的消息刷屏了。网络以“摩拜创始人套现15亿：你的同龄人正在抛弃你”作为文章的标题，很多人看到创业带来的不可思议，也有很多人看到了恐慌。

1982年出生的胡玮炜，生于浙江东阳，毕业于一所三本学校，没有显赫的家世，没有过硬的履历，但她却突破了命运局限，成为人生赢家，大部分人看到的是她年纪轻轻就赚得盆满钵满，因为她赚到的是大多数人一辈子都得不到的财富，于是很多人将她作为目标，开启创业的步伐。

就业还是自主创业一直是近些年的热门话题。很多人怀揣着当老板的梦想，想要通过自主创业实现人生大目标，赚得更多的财富；但也有一部分人认为在职场上工作成为资深专家也蛮好，职场相较于创业，工作风险小，即使受到大环境的影响，也可以换公司、换工作。走专业的职业晋升通道，虽然可能会赚得少，但有的甚至赚得比创业更多，因为资深的专业人士也是少之又少。

越来越多的人想要加入创业大军，一、想要自己做领导，完成理想；二、受到成功案例的影响；三、不可排除的是想要快速成功的心。创业意味着投入更多的精力、资金，并且需要积累足够的经验。成功案例屡见不鲜，同样，失败案例也不计其数，有的即使成功也收获甚微。

创业意味着风险，成功与失败各占一隅，很多人前行在创业的路上，即使面临很多困难、失败过无数次，也依然不会放弃创业的念头。

虽然很多人的创业热情高涨，但事实上创业的成功率并不高，不能因极少数成功的案例来作为自己创业的目标，更不能盲目跟风。

002

固然创业有创业的好处，但职场资深人士实现人生逆袭的依然大有人在，成为专业型选手未尝不可。顶尖的职场人才在企业是非常抢手的，更何况工作也是实现自我价值的一种方式。

彭蕾是马云的得力助手，“十八罗汉”之一。27岁那年为了追随丈夫，她毅然决然地辞去了教师工作，跟随丈夫北上，成为“北漂”一员。刚开始的她每月只有500元的薪水，在马云手下干得乐呵呵，对于自己不懂的就主动学习、主动询问，得失在她眼里并不重要。她更加享受工作的乐趣，也能快速应对各类挑战的出现，并且要求自己不断地挑战新事物，成为职场专业人士。

当年马云安排她掌舵支付宝，她从普通员工一路狂奔到金字塔的顶端，带领团队做出了市值千亿美元的蚂蚁金服，后来又出任电商CEO，协助马云推进全球化任务。无论在哪个领域，但凡她涉猎，都会通过努力成为那个行业的资深人士。

彭蕾曾说过一句话：“在我自己最擅长的领域，如果发现别人比我做得好，我就会付出200%的努力证明我可以，我更有能力，我会创造更大的价值。”

2017年10月26日，《2017胡润女企业家榜》发布，彭蕾排名第六，她将自己打造为职场资深人士，学什么成什么，一心投入工作当中，她获得的财富不比自主创业的人少，甚至还非常成功。

实现价值的方式从来就不止一种，任何事情只要你想做就可以成功，最怕的是连领导交代给你的最基础的工作都做不好，还要心生抱怨。一个连自己都不能正确认识的人，也不能做好本职工作的人，又怎能做得好别的事情？记住，职场历练并不比创业差，获得的回报也不比创业少。

003

生活向前，大步前行，不要过多的纠结，而是要追随内心，先做好现有之事，成为资深专家，行业的佼佼者一定是香饽饽，也是风向标。

繁杂的社会环境下，如何做好眼前的工作成为资深专家，在此之前不妨思考以下两个问题：

你是否能做好手头的工作。工作这么些年，你对自己是否有清晰的职业规划，如果有，不妨仔细想想，究竟是什么原因导致自己止步不前，是安于现状、从未提升自己，还是压根儿只是将目标停留在口头上，想清楚之后记录下来而已。

工作几年后，你的工资或者职位是呈上升趋势，还是呈平稳甚至倒退的趋势，以及你是否有信心提升你的工作能力，获得更高或者更专业的职位，创造更大的价值。很多人工作做得很一般，却总是这山望着那山高，总是做着白日梦，认为别人创业非常容易自己也想尝试，到了最后反而是捡了芝麻丢了西瓜，以失败告终的结局就是浪费了时间却什么都没有得到。

能力是可以培养的，基础态度是必须要有的，两者的结合是促使自我提升的要素之一。

你为什么想要创业。如果你想创业，任何时候创业都为时不晚，华为董事长任正非 40 岁创业，褚时健 74 岁创业种橙子……很多人担心创业时间已经错过，一方面是没有跟上社会大趋势发展的红利期；另一方面是担心随着时间的推移，环境对人的影响潜移默化、根深蒂固，最终会丧失创业的激情。如果只是将创业永远停留在口头上，最终是不会有结果的。

身边总是会有很多人，原本打算创业，工作几年后却变得很消沉、失去了创业的斗志，不可否认的是环境对他的影响是一方面的原因，但更多的也是自己放弃了自己，或者说创业的念头在自己的心中只是一时头脑发热而已。

俞敏洪曾说，在面对大学生就业难的大背景下，社会鼓励大学生毕业后去创业实际上是一个误导，原因是大学生心智不成熟、没有格局、容忍度低、自我反思能力差等，所以先通过就业学习几年公司和产品运营的相关经验后再出来创业也不迟，而且成功率会更高。其实不管是大学生还是社会人士，分析问题永远都要多面分析，而不是人云亦云，更不能只凭借头脑发热，而做出草率的决定，应当先努力尝试做好手头的工作，看自己是否可以做到极致，成为优秀的职场人士。

仔细剖析那些创业或者职场很成功的人士，无论是胡玮炜还是彭蕾，她们成功的一个很重要的原因就是坚定的内心、对待工作的态度以及工作时的韧性，将自己打磨成该领域中的佼佼者，不怕社会大浪、不怕时代变迁，即使摔倒了也能重来。

胡玮炜曾说过："其实我不是一个特别有野心和企图心的人，但是我是那种如果心里有一个想法，就像种下了一颗种子，它会不断地发芽，如果我不去做的话，我可能不能接受自己。"

不要总是看着别人创业多好，看着别人的工作多好，你一样也可以做好手头之事，将自己打造成资深专家，那时你也会是独一无二的自己。

成功的模式从来不会是千篇一律的复制，做你真正在意的事，做你喜欢的事，做资深人士也挺好。当你有一天成为资深人士，你可以获得足够的机会并加以延伸，那时你得到的很多东西也是他人不可企及的，你曾经的付出也会得到丰富的回报。

能做好简单的工作就不简单了

所谓工匠精神，就是把简单的工作用心做，并且做到极致的精神。

有人说，简单重复的工作没有价值，所有稳定的工作都是高风险职业，这个观点不完全正确。

世界上所有的工作都是由简单到复杂，再到简单的过程。无论一个公司的业务有多么复杂，都会有简单工作的存在，大多数人认为简单的工作不足以体现个人价值，我们往往眼高手低、认为人才就是要用到刀刃上，否则就是浪费，不甘心只做简单的工作。但是你要知道，一个人的工作素养往往是在大量重复中形成的。

席勒说，只有有耐心、圆满完成简单工作的人，才能够轻而易举地完成困难的事。

全球闻名的乐高公司，从 1995 年开始，他们一直忠于一件事情，那就是只卖积木玩具。经过了数十年的钻研，他们在积木玩具这一个领域早就遥遥领先于所有对手，拥有了数千种不同的技术专利，占据极大的市场份额。

不是工作简单不足以体现价值，而是你低估了一项工作本该有的分量；不是你的工作多么简单被别人瞧不起，而是你自己瞧不起自己。天下的工作没有好坏之分、没有简单与否，全在于自己的态度，谁也不是天生就可以直奔主题，开始时无一不是从最简单的工作干起。

稻盛和夫曾说：工作是人生最尊贵、最重要、最有价值的行为，即使在苦难当中，只要拼命工作，就能带来不可思议的好运。工作不仅仅可以实现自我价值，同时也使得我们的生活丰富多彩，更有层次。

那些能将简单工作做到极致的人，才是真正的厉害角色。

西西跟随王总已经第八个年头，从行政主管做到业务副总再到人力资源副总监，她用了八年的时间。

入职那年，西西的职位是行政主管，名义上是部门负责人，实际上不过是众人眼中的打杂妹（如端茶送水、贴发票、日常接待、会议基础管理等），分配给她的工作在旁人眼里没有一件是有价值的。那时公司只有几十号人，跟随王总一起开拓疆土。王总的脾气是出了名的坏，稍有不对，就会拍桌子大发雷霆，新人一般是待不久的。

很多人都觉得西西哪里找不到工作，非得在这里受委屈。西西却不这么认为，她看重这个企业的平台和发展前景，领导发脾气也是因为工作本身存在问题。西西在心底一直告诉自己只要工作不出错、正确无误理解并执行王总的意图，他就不会发脾气。

西西工作起来兢兢业业，很多同事喜欢装腔作势、低效率地加班。西西却从不这样，上班时间就一心一意地高效工作，下班后的时间全用来自我提升。别人瞧不上的打杂送水、贴发票的行政职位，西西却做得有声有色。

会议上，员工听到心烦时会开小差，西西却会认真记录王总会议上提到的新观点、最近看过书籍带来的启发，然后利用下班时间找来这本书仔细阅读。虽然西西现在不足以完全领会领导的战略意图，但多读书总是没有错的。

工作中，别人随手粘贴的发票直接丢给财务，西西却从中发现了一些现象。她将发票认真整理并加以记录，发现部门费用支出虽然有分类、费用预算，但似乎除了王总没有人关心过费用支出是否合理。西西将每月发生的费用做了整理，进行分类汇总，并加以分析。后来她总结出部门费用支出时存在的若干问题，并提出了解决方案帮助公司进行改善。

那些曾经别人以为最简单、最低级的工作，在西西眼里却不一样，她会在部门工作交叉时充分了解对方的性格、偶尔的玩笑也为彼此的熟悉奠定了基础；会在外出接待时仔细观察酒桌文化，了解点菜技巧；会倾听领导们对话常用的关键词，为领导工作报告做素材储备。

职能部门的年终工作总结都是千篇一律的汇报格式，例行性工作完成单一、无亮点，只有西西的工作业绩突出，有理有据。

一个能真正用心将简单工作做到极致的人，领导怎能不重用、不提拔。

西西看似文弱，却懂得未雨绸缪、运筹帷幄，无论何时面对怎样的工作，她都能始终保持认真细致、完美极致的工作态度。

一年之后，西西从行政主管提到经理，两年之后再度提升到人事行政副总监。后来公司成立新的业务模块，领导对西西委以重任，那时她已成为公司最年轻的业务副总。她的脱颖而出依靠的是对工作的认真极致，还有时刻保持学习的能力。事实证明领导的眼光没有错，她带领团队，在四年的时间里，使业务模块的业绩始终保持遥遥领先。

工作的价值从来不分简单与复杂，自我价值的实现依靠的是认真的态度、用心的付出以及自己的努力，那些能把简单工作做到极致的人才是最厉害的人。

现实中，大多数人的思维是以完成和未完成来衡量的，优秀的人则是通过完美与引申去工作的，这时的工作已经不是简单与复杂的区别，而是思维方式与工作方式的区别。

真正促使一个人成长的不是工作的好坏，而是工作的思维、工作的方式方法以及用心程度。

特斯拉 CEO 马斯克提到的第一原理，他认为：“我们在生活中总是倾向于比较——别人已经做过了或者正在做这件事情，我们也去做。这样的结果是只能产生细小的迭代发展。第一原理的思考方式是用物理学的角度看待世界的方法，也就是说一层层剥开事物的表象，看到里面的本质，然后再从本质一层层往上走，这要消耗大量的脑力。”

运用到工作当中，也就是说普通人考虑的只是机械性的完成，甚至敷衍了事，就像那位 36 岁收费员大姐说的：“我今年 36 岁了，我的青春都交给收费站了，我现在啥也不会，也没人喜欢我们，我也学不了什么。”在大姐眼中，她只要去收费就好了，这就是她的工作，丝毫没有考虑如何从现有工作引申学习更多技能，所以收费站被取消之后，她没有技能，找工作也成了难题。

优秀的人从来都不会轻视手头的工作，更不会将工作定性为简单还是复杂，他们更多考虑的是在高效完成工作的基础上如何改善现有工作，利用发散性思维加以改观和引申，由易到难、由点到面，他们看到的不是一棵树，而是整片森林。两者的区别除了是对待工作的态度，更多的也是思维方式与视野的差异。

罗振宇在跨年演讲《时间的朋友》最后提到了一句话：人生算法就是你面对世界不断重复的最基本的套路，找到它，重复它，强化它。

如果你还处于简单工作的机械重复当中，不妨听听以下几点建议：

第一，改变固有的心态。大多时候是我们习惯性地放大了情绪。工作本身没有错，更多的是自己错误价值观的“诱导”。我们习惯性地以自己的想法对工作加以判断，为工作打上“工作好复杂”“这项工作好难”“这也太简单了吧，领导是不是不器重我”之类的标签。当这类情况出现时意味着我们对工作已经产生了情绪，进而阻碍工作。其实，任何工作到来之前不妨想想，接受是最好的选择，任何工作都是可以做到极致的，难、易于我们而言都是挑战，别人做的我都可以尝试超越。

第二，原有工作方式方法的改进。同样简单的工作为什么别人可以很快地做出成绩，而你自己还是原地踏步。不要着急人云亦云地下定义，不妨从现有工作当中出发，引申思考，比如：

PPT 排版是否可以更加精美，符合特定场景要求；各部门汇报的工作模板差异较大，是否可以统一，便于领导查阅。

Excel 录入是否可以更加便捷，制作的图表是否可以更加直观、更加美化。

还有哪些是我可以想到、可以完善的，千万别把不用心当作理所应当。

第三，持续的总结与输出。当你可以从简单的工作当中找出规律，使之表格化、流程化、模板化、标准化，并提炼出属于你自己的一套方法，甚至可以做出一套流程图，就证明你已经进入很棒的工作状态中了。不妨思考，如果让你带领新人，业务工作上如何快速上手；现有工作如何更加高效便捷；对于经常出现的问题，是否可以提炼汇总成为自己的资料库，甚至是素材。

第四，改善后续工作。任何一项工作如果不融入实际业务当中，再美观的设计和汇报也只是纸上谈兵，所以不妨思考你的工作价值是什么？如何利用你的总结、观点来指导业务或者提供数据支持，很多时候数据比一切文字来得更有力量。

效率最高的工作内容都会被重复使用直到被超越，好的工作方法同样会被学习。

别再否定简单工作的价值，也不要轻视那些从事简单工作的人，因为能把简单工作做到极致的人从来都不简单，他们才是真正的狠角色，是工作中的佼佼者。

人人都可能犯错，下次改正就好了

歌德在《浮士德》中写道，人只要奋斗就会犯错。人非圣贤，孰能无过？错误会为我们积累更多的经验，带来更多的尝试与机遇，但如果我们因为努力奋斗而犯错进而导致害怕、焦虑、压力过度，那就得不偿失了。有则改之，无则加勉，才是我们应取的态度。

001

很多人害怕犯错，不敢承担，无非有以下几个原因：内心脆弱甚至无限制地放大内心的恐惧、害怕承担责任、对自己不够自信。错误出现时，第一时间会感觉自己不可饶恕，如果领导不责备，愧疚感就会爆棚，紧接着会表现出自我否定、焦虑等症状，正如契诃夫的短篇小说《小公务员之死》描写的那样，会不由自主地敏感，即使别人表现出不在意，依然还是很担心，会产生很多负面的想法。

1991 年，Paul Wink 教授在社会心理学的顶尖杂志上发表了一篇文章《自恋的两面性》，文中提到脆弱敏感型的人更加不容易接受失败，他们更在意外界评价，更容易将错误归于自身，一旦犯错更容易自责，并会极度贬低自我。

没有试错，没有改正，哪来成长？人生路上敢于承认错误是一种勇气，也是排解压力的方式。错误发生时，如果不及时想办法纠正、不及时排解，会造成过度的压力与焦虑，反而会影响心情，阻碍个人成长。

室友小悦曾经跟我说过她初入职场时犯过的一次严重错误，直到现在她还后悔不已。她工作的第一年在化妆品公司做销售，在一次与跟客户的谈判中，无意间把报价说低了。对于工作不久的她来说，这次业务如果谈成则意味着一笔不菲的收入，这个客户可以算作公司的大客户。当她意识到这一点的时候，十分害怕，但迟迟没有勇气向公司承认错误，也不敢担责任。

她胆战心惊，工作起来也不在状态，一方面想要签约成功，另一方面又害怕被公司发现。第三天，她给公司人力资源部打电话口头表明了离职事宜，连工资都不准备去拿。就这样，她在家郁郁寡欢一个多月，一直纠结着这件事，差点患上抑郁症。

其实，作为一个职场新人，工作中出现错误很正常，而且这也不是到了无法挽回的地步。但是，小悦却直接选择逃避，而不是正视问题寻求解决问题的办法。即使没有类似的工作经验，她也完全可以向部门领导寻求帮助，错误一直压在心里不敢寻求帮助，直到选择以逃避的方式离开企业。

小悦离职后，公司找到了接替人员继续和客户谈判，发现了小悦当时犯下的错误。因为接替的员工道歉且足够诚意，加之公司口碑还不错，最终在客户面前为公司挽回了名誉，也挽回了潜在的客户。

小悦这种逃避错误的做法让她差一点上了行业黑名单，甚至可能会为以后的工作带来困扰。

人生在世，谁能不出错，很多时候错误出现是因为我们内心恐慌夸大了事情的严重性，自己给自己加大了害怕的砝码，继而导致过度的焦虑与自责。错误不可怕，可怕的是无知的处理方式，以及无能为力的自责和毫无改正的意念。

002

伟人都可能犯错，更何况普通人。错误出现不可怕，可怕的是我们为了所谓的面子不愿认错，以及内心毫无底线的抗拒。

现代画家、教育家徐悲鸿先生，早年留学法国，学习西画。在人物造型上，他很注重写实传达神情，尤其精于素描。对于中国画，他是主张改革的，“西方绘画可采入者，融之”。中西技法的融合，形成了他的前无古人的现实主义画风。

即使这样一位写实派的大师也会犯专业上的错误。

有一次，徐悲鸿正在画展上对画评议，一位乡下土老倌走上前对他说：“先生，你这幅画里的鸭子画错了，你画的是麻鸭，麻鸭尾巴哪有恁（这样）长的？”众人闻言细细一看，原来是徐悲鸿新作《写东坡春江水暖诗意》，画中有麻鸭尾羽卷曲如环。乡人说雄鸭羽毛鲜艳，尾巴卷曲是有的，雌性麻鸭羽毛麻褐色尾短，画错了。徐悲鸿承认疏于写生，深深致谢而退。他谦虚的态度、知错就改的专业素养一度被传为佳话。

徐悲鸿作为著名画家，在面对别人指正意见时并未因为面子固执己见，而是虚心接受、勇于承认自己的错误。他的态度是值得我们学习的，真正的专业素养之一就是要敢于承认错误。

试想一下，如果徐悲鸿先生为了面子拒绝承认错误，一意孤行，即使这件事情对他人生不会造成影响，也会或多或少对他的事业带来一定的影响，人们会认为他视野狭隘、固执己见、停滞不前。

及时认错，不仅可以及时止损，也是对自己的人生负责，这样，下次同样事情发生时，你就知道怎么做是正确的，甚至可以找出更多的处理办法，而不是将错就错，错上加错。

003

没有一帆风顺的人生，只有不断试错的成长。年轻人，不知天高地厚地多犯错，这种犯错不是“明知故犯”，而是为了成长付出一定的代价，也是在犯错之后个人吸取经验教训的成长，是困境中始终保持勇敢尝试的态度，以及自我提升时候的不断突破。

错误出现时，最佳的表现是既不过分自责，又不故意推诿，在这个过程中积累经验、举一反三，这样在后期处理问题时也会更加游刃有余。

大学毕业后，青青听从家里人的建议考取了公务员，工作并非如大家所说的那样清闲，工作两年后的青青依旧不能很好地适应现有工作环境，于是不顾家人的反对毅然决然地辞职，“我能养活自己，更能养得起自己，你们不用担心，只要不耻下问、虚心学习，很快我也可以胜任，也能做出成绩”。

辞职后，青青入职了新企业，新行业、新起点、新环境，青青告诉自己从头再来。面对工作中很多不懂的问题，青青都会及时地请教办公室同事。有一次，因为工作疏忽导致汇报数据错误，领导当着同事的面劈头盖脸地骂她。青青闷不作声，虽然内心很难过，但的确是因自己的粗心导致出现了错误。一旁的同事安慰她，青青也只是感谢地回应：没有关系，谁还不犯个错误，下次改正就好了。

与青青相反的是部门的另一个同事，她特别害怕工作出错。面对新工作任务时，她能逃避就逃避，总会以“这个不是我模块的工作内容”“我不会”为由来拒绝接受新的挑战。在她的眼里，干好现有工作就足够，干吗要浪费精力、冒着风险去做自己从不曾接触的工作，更何况那也不是自己的本职工作，如果是因此导致错误不被领导认可，岂不是得不偿失，后来领导也很少再布置新的工作给她，于是这么几年她依然停滞不前。

一个人若因害怕犯错，止步不前，看似现有步伐稳定、平和，殊不知接下来更多的是泥泞和艰辛；你所谓现有的岁月静好，可能会成为阻碍未来发展的铺垫；沉浸在“舒适圈”中不肯尝试，未来也必将成为个人进步的绊脚石。

004

一个“从不犯错”的人，就像温水里的青蛙，安逸、自在、无任何风浪的洗礼，随着时间的流逝，连试错的勇气也会随之消磨殆尽，面对机遇心生怯懦，无论在多好的环境待着，都不会轻易地离开现有的环境，因为新的环境虽然更好，但同时也意味着试错的成本更大。

错误出现时，如何克服内心的负面反应，改正错误，让错误成为人生经验的试金石，不妨参考以下几点：

提升个人的自信心、由内而外地接受自己。很多人对自己缺乏自信，认为自己不足以成事，所以一旦问题出现时，自我否定情节会更加严重，使得个人焦虑、自责的情绪蔓延得更为迅速，最终得不偿失。想要不被错误困扰，学会正确地喜欢自己、接受人人都会犯错加以改正就好的观念，是改变的第一步。当一个人真正开始喜欢自己、勇于接受错误的时候，犯错对于自己而言就是一种成长，他的眼睛盯着的会是如何补救、如何改善等。

保持良好的心态。犯错是一种常态化行为，你始终要记得“平庸的人把错误当成灾难，优秀的人把错误当成进步的原动力”。诺贝尔生理医学奖获得者屠呦呦也是在试验了很多草药之后才发现青蒿对疟疾的疗效，在提取青蒿素时，她尝试了很多方法，最终确定低温提取的方式。名人尚且如此，普通人犯错则更常见。错误出现时，是提升自我的机会、是改进工作方式的机会、是经验累积的机会，别把大好的时间耗费在无止境的自责中，那样不仅无益于改正错误，反而会影响心情，停滞不前。

敢于承担责任、吸取教训。随时做好承担责任的准备，做好最坏的打算，敢于承担责任的人不会因为错误的到来而被吓倒，他们想的更多的是如何从错误的轨道上调整到正确轨道上来，总结过往的经验与教训。

丹尼尔·科伊尔所说：“试错的过程就像爬冰山，刚开始的时候会滑倒，跌跌撞撞，但最后还在不知不觉中变得敏捷自如。”不怕犯错，不怕试错，改正就好。

获得清晰的自我认知，要明白，人生没有白走的路，每一步都算数；人生没有白犯的错，每一次都有收获，不试错的人生不足以成长。

找出大脑工作的黄金时期

001

你是不是常有以下情况发生：

打完“鸡血”做完读书计划，翻开书看了两三页就拿起手机点开朋友圈，一刷就是半个小时，再次打开书时却毫无兴致继续阅读。

工作邮件刚写完开头，听到手机有新消息提示，于是开启聊天模式，一晃半个小时过去了。

课上了一半就开始发呆，丝毫听不进去，打开微博开启刷屏模式，下课后发誓以后要认真听讲。

上午工作分神，下午工作没精力，晚上回家刷手机，不断地提醒自己早睡早起，但刷到十二点却毫无睡意，第二天仍旧是重复昏昏沉沉的工作状态。

……

面对同样的一天，很多人将高效的工作方法作为成功的秘诀、更将少睡作为目标，以为这样就可以多做一些事，将积压着的工作理顺，完成原有的计划。但其实，没有人告诉你为什么他们只睡很少时间还能保持精力充沛、头脑清醒地完成那么多工作，因为你看到的、模仿的永远只是表象。李笑来曾说，为了凸显自己的成功，很多人会稍微夸大“自己付出的代价”，这是人性使然。

实验证明，人类长期缺乏睡眠会导致记忆力衰退，还可能导致阿尔茨海默病。美国抗老医学会创立委员达哈玛·卡尔萨指出：“成千上万的人花费很大的精力来锻炼心脏与肌肉，却忽略了身体最重要的器官——大脑。漠视大脑会让脑部慢慢死去，脑容量会萎缩，脑细胞会死亡，脑力也会消减。”

高效完成工作，不是睡多睡少的问题，而是充分利用大脑的工作机能，找到大脑工作的黄金时期，并有效运用。如果一个人总在错误的时间做重要的事情，几乎是不可能实现高效的；如果一个人长期处于缺觉的状态，思想不集中、精力不够旺盛，高效工作更不会自主到来。

002

《深度工作》当中有这样一句话：如果想凭借深度工作成功，你就必须重新编排自己的大脑，使它可以从容地抵挡令人分心的刺激。

如何找到自己大脑工作的黄金时间，并加以有效运用，我们先来看看洛克菲勒大学的神经系统学家伊勒博士在美国《预防》杂志上发表的报告《人类大脑每日 24 小时工作节奏表》，该报告指出了人类大脑的工作模式：

7 ~ 9 时：激情时间。此时大脑完全苏醒，需要得到他人的关爱。

9 ~ 11 时：创造力时间。此时人体的压力激素水平适中，大脑注意力较集中，可以做些需要运用分析能力和注意力高度集中的事。

11 ~ 14 时：克服困难时间。此时大脑已做好了承受重任的准备，但最好避免任务太多，一次只做一件事。

14 ~ 15 时：娱乐时间。为了消化食物，身体已经将大部分血液从大脑转移到胃部。

15 ~ 18 时：合作时间。此时人的性格会变得比较随和、善于沟通。

18 ~ 20 时：自己的时间。此时褪黑激素的分泌量最少，你不会感到累。

20 ~ 22 时：放松的时间。褪黑素此时分泌迅速，而保持大脑清醒的血清素却不断减少。

22 时以后：睡眠时间。此时大脑需要通过休息整理白天获取的信息。

从以上可以看出，一天中大脑运作有三个黄金时段：上午 10 时至 11 时（逐渐进入工作状态、效率最高、精力也最为充沛）；下午 3 时至 5 时（相比于早晨繁忙的工作状态，此时个人最为放松，工作状态也很好）；晚上 8 时（忙碌了一整天，此时状态最为放松，记忆力也最强）。

职场上见到太多的人每天抱怨工作太多，却在重要的时间聊天、浏览网页，想要完成工作的时候却发现时间过半，再次工作时进入状态就得浪费好长时间，工作效率低下导致加班，周而复始形成恶性循环。

仔细分析很多岗位分配的工作量其实没有那么多，只是很多时候我们没有找到充分利用大脑的工作黄金时期。

广告创意者李欣的创意源源不断，她的法则之一就是无论工作多忙，都会尽量配合自己的生物钟，累了就睡，坚决不勉强自己工作，除非不得已。她有严格的工作时间表，早晨 7 时起床，做简单的伸展运动，散步买早餐；开始写作到中午，吃简餐，睡午觉，接下来看电影或继续工作；晚餐尽量简单，泡澡、看书等，静坐冥想，晚上 21:30 左右睡觉。

在她的《打造创意版的自己》一书中提到："虽然我工作时间比别人少很多，但精神状态与大脑清醒度都是维持在最佳且最有效率的状态，所以我做的事不比一般人少，产值比过去我朝九晚五的工作还要多得多。"

当大脑工作模式不对，遇到难题试图启动原始的情绪力量去解决问题，这种"想"只受情绪所支配，所以成为"胡思乱想"；遇到难题如果动脑子去思考有哪些解决之道，这种"想"受思维所支配，就可能成为"探索"了。"快乐"是因为人脑工作模式正确，身体和大脑的活动状态都处于良好的情况下，这也是大脑胺类物质正常分泌的原因。一个人只有在"行动"中，大脑的几个部门才有机会合作。

工作完成的数量和质量不在于工作时间的长短，而在于工作效率的高低，充分了解大脑的工作黄金时期，对于个人提升工作效率大有裨益，这样不至于每天浑浑噩噩到头来工作还是堆积如山，更不会在工作任务快要截止时抓耳挠腮。

003

因为工作方式因人而异、工作状态差异较大，不是所有的工作者都会遵从以上的黄金时段，找到自己大脑工作的黄金时期。

那么，如何才能找到自己大脑工作的黄金时期且让大脑维持最佳状态呢？

对自己的工作习惯加以观察和记录。人的精力和注意力在一天之中是波动的，有时状态非常好，形成高效学习、高效工作的习惯；有时会出现分心、走神的状况。要提高效率，首先得摸清自己大脑的工作模式，工作的黄金时间，通过连续记录的工作状态来找到自己思维最活跃、注意力最集中的时间段，把最重要的任务安排在“黄金时间”。

保证充足的睡眠。天涯社区原副主编金波由于长期熬夜加班在下班途中突然晕倒，经抢救无效不幸去世。类似的案例非常多。充分利用大脑的黄金时期可以保证工作的高效，但我们既要用大脑也要爱护大脑。充足的睡眠是保持大脑清醒的最基本的条件，也是最简单的方式，一方面满足于人体机能，另一方面人体的每个器官都需要持续提供营养，这对于大脑来说至关重要。大脑产生的巨大电波用了身体整个能量供应的四分之一，保持充足睡眠可以让整个人元气满满。

设计自己的工作环境。网购、刷剧、聊天等和工作无关的事情结束后，对于再次高效进入工作状态是有影响的。设计工作环境不是讲公司整体的工作氛围，而是能帮助自己快速进入工作环境的氛围，比如整理桌面，干净整洁的环境会让人心情好很多；工作之前罗列计划，清楚了解当日工作的轻重缓急；设定工作时间，固定时间回复工作以外人员的微信消息，减少非工作因素的干扰。

学会调整自己的心情。人在开心愉悦的时候注意力更集中，工作效率也会提高。在工作效率较低的时候，不妨调整工作，将目标重新设定，每完成一个阶段任务时，给予自己精神上的鼓励，如“下午就把工作完成，晚上可以看个电影”，“通过这项工作，我的 ×× 能力又得以提升”。有了奖励、有了好心情、有了自我激励，做事就会专心、高效，大脑也会高效运转。

适当放松。大脑“认知超载”的表现涵盖精力不够集中、走神，这时若一味要求自己专注反而会降低效率。如果此时你正处于工作的黄金时期，不妨尽快调整，罗列计划、开开小差、发发呆、整理桌面，做些看起来工作以外的事情，让大脑放松一下，反而可以提高效率。科学家认为，适当发呆有利于大脑调适，对其维持高效运转很有帮助。

渊博的人是多么神奇啊，他们的大脑像蜘蛛网，粘住所有知识的小昆虫。而我的大脑是一块西瓜皮，所有的知识一脚踩上，就滑得无影无踪。

找到大脑工作的黄金时期，你的大脑也可以为个人的发展提供源源不断的动力，工作效率也会随之大大提升。

最重要的是结果而非过程

职场上，我们常常会听到这样一句话“没有功劳，也有苦劳”，事实上大多数时候这句话一文不值。没有结果的努力对于企业效益的提升是毫无价值可言的，对于个人业绩的证明也是徒劳的。职场上，最重要的是结果而非过程。

在一条道路旁，有两个人在忙活：一个大个子拿着铲子每隔三米就挖一个坑，跟在他后面的一个胖子，又把大个子刚挖好的坑回填起来。如此反复地持续着，两个人忙活得满头是汗。有个经过的路人看见了，很奇怪地问挖坑人：“为什么你刚挖好坑，后面的仁兄就又把它回填起来呢？你们这是在干什么呢？”那位大个子抹了一把头上的汗水，说：“我们在种树。我负责挖坑，第二个人负责种树，胖子负责埋土，不巧的是第二个人今天请假了。”

看似啼笑皆非的故事，现实当中的我们也在不断地重复着。对于故事中的这几个人而言，重复性完成工作便可，他们根本不在意工作的结果，认为只需要完成手头的工作就好了。

挖土不是结果，填坑不是结果，植树才是结果。挖土和填坑是流程，如果大家只对流程负责，那谁对结果负责呢？

职场如战场，没有结果意识，工作职责就是一纸空文。不只要对职责负责，还要对职责背后的结果负责，过程只能叫执行，整体的结束且有收获才可以称之为真正的完成工作。

19 世纪末，西班牙衰落，在国际上处于孤立的地步。同时，古巴和菲律宾开始了反对西班牙殖民地的武装斗争。西班牙对古巴起义者进行残酷镇压的行为激怒了美国政府，同时也危及了美国在当地的经济利益，终于在 1898 年 4 月 22 日发生了美西战争。

“知彼知己，百战不殆。”当时的美国总统麦金利明确意识到，如果此次战争想要成功，就要了解对方的情况，但缺少一个可以把信送给当地首领加西亚将军的人。情报局局长向总统推荐陆军中尉罗文，罗文接受了此次任务。执行命令是军人的天职，罗文从接受这个命令开始到完成中途没有丝毫的动摇。那时战争环境是非常残酷的，罗文在送信的路上，单枪匹马，要经历枪林弹雨、严厉盘查以及重重险阻。在这个过程当中，他收获到的不仅仅是丰富的经历和实战经验，更重要的是处事不惊以及随机应变的能力。但如果罗文没有将信送到加西亚将军手中并带回情报，则是徒劳一场，路途上收获再多对于美国总统来说也是无济于事。

职场上，于组织而言，结果的重要性不言而喻。结果和过程，犹如 1 和 0 的关系，完成整体任务时，你会拿到 1，中间过程的收获都是 0；如果没有最终的结果 1，后面再美观的过程 0 都将是没有意义的。

同事的表妹，去年加班做年终工作总结时，不小心录错了一个数据，会议开始之前的五分钟，总监落座后，他发现数据有问题便叫来了经理。经理看后，叫来同事的表妹，严厉地批评说“你怎么能把这么重要的数字给写错，而且这么明显”。补救时间上显然来不及，等到总经理落座后，总监向总经理解释了，总经理清楚了事情的原委便没有继续追究。

那一天是表妹刚入职的第二个月，她过得胆战心惊，生怕继续挨领导的骂。直到下班领导走后，表妹自责的眼泪才开始吧嗒吧嗒地流下来。她说自己不是故意的，领导很少批评人，这一次却严厉地批评了自己，说明领导肯定很生气。

之前在网上看到了某教育机构创始人讲自己亲身经历的一则故事：因为工作关系，自己经常要去拜访一些合作者，于是就在网上约了化妆师。化妆师的职责就是在有限的时间内快速帮你画出妆容，更重要的是，妆容非常符合你的整体定位以及个人气质，这些都属于结果。以前的化妆师也是按照自己的约定安排准时完成化妆工作。在化妆过程中为了保持不尴尬，她刻意寻找一些话题，有一搭没一搭地聊天。不同性格的人会是不同的反应，红色性格的人会特别喜欢聊天，蓝色性格的人对于自己不喜欢的话题也不怎么想继续。化妆结束后，该创始人并未觉得妆容好还是不好，直到后来遇见另外一个化妆师。她才发现第二个化妆师，既讲究过程，更注重结果，她带给客人的不仅仅是舒适的体验，更重要的是优质的结果。她的优秀体现在过程中，渗透在细节里、表现在结果上。

化妆师在化妆之前详细与该创始人沟通，了解对方的肤色、着装风格、要去的场合以及发型的设计、照片。沟通完之后，她会与约见人沟通自己的建议，也就是化妆展现的效果。而这位化妆师在化妆过程中几乎不曾提起她的生活，她的话题是从化妆引申开来，主要以如何护肤、如何设计妆容为主题进行讨论。最终的结果不仅是她很满意化妆师的妆容，同时也对她整体的服务过程很满意，后来她将这位化妆师确定为自己的长期合作者。

一个注重结果的人，在提升自己能力的同时，也为自己打开了源源不断的机会大门，你所付出的努力终有一天会以优质的结果得到无限的回报，而这一切不是你有多么幸运，更多的是你的用心完成和完美的结果展现。

如何让自己在职场上成为明确结果导向的人，使得工作高效运转，下面几点值得注意：

1. 行动前确定要达成的目标。很多人在接触到工作时，没有仔细分析，便开始立即行动。这种工作方式是盲目的，因为你根本不清楚该项任务需要达成的最终结果是什么，简单来说就是多少时间、以怎样的标准、完成怎样的工作。在此期间，你可能会面对怎样的问题。所以，在接到任务时一定要先确定最终达成的目标是什么，否则当盲目走了很远之后，却发现时间已经浪费了很久。

2. 遇到问题时，给领导做选择题。这个方法很多人已经讲过，但当问题出现时，很多人的脑子会是蒙圈的状态。他们的第一反应是，呀，怎么出问题了，我要找领导，而不是自己先想办法。如果问题都让领导处理了，那还要我们干什么。此时也是一种提升自己能力的关键时刻，问题出现，想到你能想到的答案进行利弊分析，然后带着选择给领导，领导最终拍板。如果都不理想，领导最终也会提意见，当领导进行方案抉择时，不妨多观察领导的思路是什么，两者之间的差距在哪里。

3. 在完成的基础上更要完美。一件事情除了领导给出的方案，或者自己之前的思考，还有没有更好的解决办法呢？提供更好的解决办法是一个加分项，超出别人的预期，你在别人眼中的价值也就提高了。关注工作细节，虽然很累，但完美可以让一个人在工作时发现一些细节。很多时候，人与人的差距就是靠每件事一点点不起眼的差距积累起来的，长年累月你会提高得很快。

无论是在职场，还是个人成长，追求结果都非常重要。看一部电影是过程，电影带来的视野拓展、输出影评，或者看电影的某些思路让自己豁然开朗才是结果；读一本书只是过程，书带给你的知识和眼界，引申出的新理念并加以使用才是结果；上一门课也只是过程，学到知识且能实际运用才是结果。

放弃“没有功劳，也有苦劳”的心态，做一个事事都有好结果的人。

尊重别人的专业，是真正的专业

001

懂得尊重的人，总会让人感觉舒服，如淡淡幽兰，如春日青山，如绚烂晚霞。尊重是一种平等，不俯视不仰望，不卑也不亢，更是优雅与知性。

湖南卫视有一档综艺节目叫《声临其境》，知名演员梅婷曾在节目中表现惊艳，博得一致好评。

梅婷配音的是《父母爱情》中的“秀娥嫂子”，她一改往日“好看”“优雅”“气质”的标签，从南方女子柔软曼妙的状态变为北方大姐的强悍率真，重新演绎与她本人天差地别的角色。她投入表演时细致入微，观众就是觉得她美，因为她的内在比美貌更吸引人。

韩雪一个人配动画片《头脑特工队》中的八个角色，通过哭、喘、笑、吼，面面俱到，把喜、怒、哀、乐、怕各种情绪演绎得有声有色，台词、气息无缝连接，八个音色都与卡通人物神贴合，各类角色之间的切换快速自如。女神级别的人物瞬间变了样，她不是花瓶，是真正的才女。

表演结束，梅婷说："因为到最后一期，大家都很厉害，你就想挤压一下自己，看看能不能更好。"

她的这句话道出了她的职业精神，没有互撕、没有暗自较劲和互黑，而是充分参与其中，也充分享受努力带来的满足。给予对方的专业足够尊重，给别人尊重的同时也会获得他人的尊重，也是个人良好修养的体现。

尊重别人的专业，是不用狭隘的观点去衡量他人专业的高低贵贱，更不是自以为是的指指点点。

我之前看到过一个视频，因为小区的电梯坏了，外卖小哥只能爬楼梯给顾客送饭，导致迟到。门敲开之后，女顾客因为外卖小哥送饭迟到对其大声苛责，继而关上房门。在二次敲开门之后，女顾客继续以"滚"等不好的语言怒斥，小哥委屈的背后也是无奈。

这位女顾客对外卖小哥的愤怒，一方面是因为外卖送晚了；

另一方面是她的潜意识里瞧不起送餐者，不尊重外卖小哥。如果职场上同事出现类似的状况，她的态度肯定不会是这样。

一个人的修养，往往体现在细节里，仔细回想：工作中，对待上司，我们毕恭毕敬、谨慎细致；对待同事，我们以礼相待、互不贬低；对待朋友，更是友好相处，可到了对待陌生人的态度上，我们习惯性地以专业来确定态度。

002

人和人之间、行业与行业之间都没有高低贵贱之分，都是平等的。尊重别人的专业，就是尊重自己。

有段时间，网上曾出现《领导，请尊重我的专业》一系列的调侃段子，虽然和现实比较接近，但毕竟是网络的调侃，众人也只是一笑而已。

可现实当中如果真有这样的例子出现，别人是不会买账的。之前，小米公司一位负责人秦先生在一场招聘会上关于对日语专业歧视的不当言论就遭到了网友的强烈抨击。原因是在招聘会上，秦先生说，“如果你是英语或者阿拉伯语专业的都可以来，因为我们有海外市场。如果你是日语专业的学生，那你可以走了，或者我建议你们从事电影行业”，说完现场爆笑。

该校日语系的一位学生表示，虽然秦先生事后说自己当时只是为了活跃气氛，但作为学生忍受不了专业被歧视，要求秦先生为自己的此番言行负责，所有日语系的学生都应该得到一个道歉。

虽然事后当事人做了道歉，公司也对秦先生做了处罚，但从这件事情上我们可以看出一个不尊重别人专业的人，最终也不会被别人尊重。

职场上，专业不被尊重常常体现为习以为常地指手画脚。很多人不清楚非本职工作的流程与面临的实际状况，总喜欢站在自己的角度大肆评价，给出很多自以为是的观点。

Tina 吐槽，前些日子，公司对企业文化活动方案进行了一次调整，会上人力资源主管向大家展示了半财年企业文化活动主题方案和大致工作思路。例行性汇报结束后，主管请大家多提宝贵意见。话音刚落，Tina 的同事——Lucy 抓住机会表达自己的看法：“六一儿童节活动，你让大家投票的方式我完全不赞同，这种情况属于拉票行为，如果是这样我完全不会参加；生日礼品选取上，你们做得不够好；读书月，大家工作那么忙，哪里有时间看书……企业文化应该是按照我们的喜好来做，你们做的是什么企业文化活动，一点也不新颖，企业文化活动不就是搞个活动吗，形式上还弄得这么复杂。”

Tina 心生不悦，天哪，谁不知道企业文化要因地制宜，可方案一旦被非专业人士用了完全否定的、自以为是的语言全盘否定后，放在谁心中也不好受。

人力资源主管本想解释，后来想想还是算了，以调研数据支撑，远比喋喋不休的争论来得更快一些。一个不尊重别人专业的人，又怎能奢求她的理解与支持，更多的争论都是徒劳的。

尊重别人不是站在自己的角度对他人的专业指手画脚。我们没有理由以不敬畏的目光审视别人，也没有资格以不屑一顾的态度伤害别人的专业。只有学会尊重别人的专业，才能赢得别人的尊重。心宽一尺，路宽一丈，我们要敞开心胸善待所有人。无论是你喜欢的还是讨厌的，是你认同的还是否定的，都要学会尊重他们。

003

尊重别人的专业是一种平等，意味着价值、人格和修养。一个不懂得尊重别人专业的人是低层次的人，他们往往自私自利、鼠目寸光，一方面自以为是地站在道德的制高点上去指责别人的不专业，另一方面又心安理得地免费享受别人的成果。

面对熟悉的人我们总习惯性地对专业视而不见，转而是习以为常地免费索取。

著名博主 MK 雷韵祺在书里说起自己的一个小故事：

有一次，他们公司组织培训活动，邀请了一位行业内资深的朋友来公司为同事做分享，因为比较熟，再加上那位朋友不肯收培训费，雷韵祺并没多想，认为朋友不收费也没关系。结果培训当天这位朋友没怎么准备，讲了一个小时因为有其他安排就匆忙地走了。

MK 后悔莫及，因为课程并没有付费，自己也不敢多提要求，更不好给朋友的课程提意见。她这位朋友其实经验丰富、专业性也很强，只是 MK 没有通过付费把事情变得严肃起来，所以朋友仅把此次培训当作一次交流，最终的结果是既没有达到培训的目的，也耽误了团队的时间。

如果一开始 MK 通过付费流程，就大可按照期望获得对应的培训服务并且提出一定的要求，达到培训的效果。因此，越是熟悉的人，越要恪守原则，因为付费也是尊重别人专业的一种方式。

与为专业付费相对立的是伸手主义、拿来主义，这种类型的讨教者送走一拨，还会有很多接踵而至，忙碌之后继续回答那些不带谢意的问题，费力不讨好，如同一片轻飘飘的羽毛，悄无声息地飞走，丝毫没有得到应有的尊重。

尊重别人的专业不是心安理得地享受别人的成果，而是肯为别人的专业买单，即使关系再好。很多作者表示，他们为了学习别人的写作课程，自己会付费学习，而不是伸手去要。

作家格拉德威尔提出的“一万小时定律”，即要成为某个领域的专家，需要一万个小时。按比例计算就是如果每天工作八个小时，一周工作五天，那么成为一个领域的专家至少需要五年。

你眼中的轻而易举、你眼中他人的专业，在别人那里却是经过漫长的蛰伏期，经过无数次的试错、累积与沉淀换来的最终成果。一份成果，为何要轻而易举地免费送给那些伸手党。

仓央嘉措说，我以为别人尊重我，是因为我很优秀。慢慢地我明白了，别人尊重我，是因为别人很优秀。优秀的人更懂得尊重别人，对人恭敬其实是在庄严你自己。

请给他人的专业一份应有的尊重，那是尊重别人，更是尊重自己，一个不尊重他人专业的人也不配得到他人的尊重。

不随意插手别人的工作，是尊重

001

上古时期，有一位贤明的首领叫作尧。他在位期间建立了很多功业，深受百姓爱戴。等到他年老的时候，他打算把自己的位置让给别人。为了挑选贤才，他在国内四处访问。经过一番耐心打听，得知许由很有才能，于是他马上前去寻访许由，打算禅位于他。

许由一听尧要把位置让给自己，立刻予以回绝。他回答说：我对任何虚名都不感兴趣。鹪鹩筑巢只需要一根树枝，鼹鼠即使是到黄河里喝水也不过喝饱肚子而已，首领的位置对我来说是多余的，根本没有用处啊。在陈述拒绝理由的时候，他提到：“庖人虽不治庖，尸祝不越樽俎而代之矣。”这句话的意思是即使厨师不做饭，专管祭祀的人也不能越权啊。

《庄子》里面记述的这句话，被后人总结为“越俎代庖”。唐朝时，来中国访学的朝鲜人崔致远所著的《桂苑笔耕集》中已经出现了“越俎庖代”的语句，宋代时“越俎代庖”就已经成为流行语。一直到现在，这则成语还时不时被人们挂在嘴边，借指那些插手干预别人事务的人。

古代人就有这样的大智慧，现代人更应该遵从这个道理背后的寓意，运用到工作当中就是：不随意插手别人的工作。

不随意插手别人的工作，会让同事之间的相处更为舒适，是对别人的一种尊重，也是自我良好素养的体现。

理想很丰满，现实很骨感。现实工作当中依然有很多人习惯性地插手别人的工作内容，通常有两种表现：一种是打着为你好的旗号，美其名曰帮你的忙，其实是窥探；另一种是工作内容上的指指点点，一方面是习惯，另一方面是对你的不信任。但无论是哪种方式的插手，都会多多少少让对方不舒服，心中产生隔阂与不适应。

002

微博上有一段话很火：

我们生活在不同的世界。

你生活在一艘豪华的大船上，船上什么都有，有一辈子喝不完的美酒，还有许多跟你一样幸运登船的人。

而我抓着一块浮木努力漂啊漂，海浪一波一波拍过来，怎么躲也躲不掉，随时都有被淹死的危险，还要担惊受怕有没有鲨鱼经过。

你还问我：为什么不抽空看看海上美丽的风景？

在我们潜意识里，认为很多事情都是理所当然的，固有的思维执念也会让很多人觉得我插手你的工作是在帮你，更是为你好啊。

前不久，公司人力资源部经理离职，人力资源主管暂代负责人，因为角色转变、工作方式不同，主管对部门进行了内部工作调整。同事芳芳全盘负责招聘、负责绩效以及日常部门管理工作，雯雯则负责剩下的工作模块。

某天主管让雯雯出具公司内训方案，雯雯结合以前的经验，了解内训目的、时间范围、内训主要方向……大致了解主管想法之后，雯雯开始内训方案的准备工作。正在起草时，主管来到雯雯身边。看到雯雯起草的格式，主管开始强调某某地方用词不对、某某活动设置不合理、雯雯的工作方式有问题等。雯雯和主管商量："主管，你看这样可以吗，我先按照之前的理解和要求写完方案，之后拿给你审核，对于方案中不合适的地方，我再修改。"

主管回复可以，然后回到工位上。结果过了一小会又跑到雯雯面前，告诉她，算了算了，你把方案给我吧，我自己来写，说完从雯雯手上"夺走了"方案。

起初，雯雯以为主管根本看不上自己的方案，所以才会有此种行为，后来类似的事情也发生在了芳芳的头上。几次下来，两人终于明白，这是主管习惯性插手员工工作的表现，一方面要布置任务给他们，另一方面又对他们的工作不放心，习以为常的不放心与插手导致了很多重复性工作。

这样一来，部门工作的开展不尽如人意。因为一个工作任务，部门三个人一起干，大家虽然很辛苦却总是低效，拿出的方案也被领导否定，导致工作进展缓慢、工作拖拉，公司领导看着更加着急。主管又因工作进程慢让大家留下来加班，搞得自己和大家都很累，部门同事都满腹牢骚。

因人而异的管理方式的确要适应，但领导插手过多不仅会培养"无能"的下属，更会造成对同事不尊重的负面影响。工作的最终目的是实现组织绩效，是在高效工作的完成下快速成长，可最终的结果却是众人都累得够呛。

狄更斯说:“别人的事,也许和买来的旧衣服一样,穿脱随意,用不着多动心思。”工作上,对于必要的工作建议,我们可以适当地给出;但对于专业性很强的工作,在精细化分工之下,就应该专业的人做专业的事情,非专业人士更没有理由去胡乱插手。

003

职场中,如何做到不随意插手别人的工作呢?如果遇到不得不处理的职责范围外的工作,我们该怎么应对?

1. 不能随意插手工作职责之外的事情

有一天,人事部带着一位新同事来到市场部。小孙看见了指着过道旁的空位子说,这里有个位置可以坐。人事却毫不客气地回他,我不知道那里有空位子吗?还给了小孙一记白眼,很明显在说小孙多管闲事。

小孙本来是好心,认为这只不过是一件小事情,并没有去想职责不职责的问题,结果吃了一瘪。当然,也许我们觉得这个人事为人小气了,没有必要这样对小孙。但是,你要知道,从工作的角度出发,人事对小孙说这样的话并没有错。

我们身在职场会经常碰到类似的鸡毛蒜皮的琐事,但事情无大小，随意插手这种非职责内的工作，对自己毫无益处。虽然并不越权，但不属于自己职责范围内的事情非必要时不建议插手。

2. 不自作主张随意帮忙，否则很有可能是自讨没趣

之前我在品牌部做内容运营。有一天，品牌总监开完会回来，心急火燎地让内容部写五个竞品品牌市场推广调研方案。而这项工作一直都是市场部的人在做。总监让大家参考以前部门收集的一些内容方面的资料，说要做得仔细全面。记得当时，我们几个同事连续加了好几天的班，做出了一份既精美又丰富专业的调研PPT。结果，发给市场部征求意见的时候，该部门并没有采用。

后来才知道，这个调研工作是品牌总监自作主张，老板并没有安排，市场部也没有要求我们帮忙。

我们耗费精力加班不说，自己部门的工作也多多少少受到了影响，结果别人还不领情。也许对方在心里还会说一句我们常听到的俗话，你们真的是闲得没事干！

身在职场，每个人都有自己的工作要做，稍有空闲还要谋求职业晋升，在时间精力有限的情况下，一切以干好自己职责范围内的事为前提。没有收到别人的求助，最好不要主动插手别人的工作，否则，结果只能是自讨没趣。

3. 不得不“插手”职责范围外工作时

在职场里跟各部门同事打交道，也不可能做到独善其身，只做自己分内的事情，也不利于我们的职场发展。遇到不得不做的职责范围外的工作时，此时要摆正心态。如果老板布置的任务虽然不属于我们的工作范围，但是在我们的能力范围内，且必须无条件执行，可以把握这个机会，勇于承担。在这种情况下，我们并不属于随意插手别人的工作。但如果任务超出我们的能力范围且现有条件不足以支撑，可以向老板说明，要么想办法拒绝，要么争取条件努力去做，千万不可打肿脸充胖子，搬起石头砸自己的脚。

职场即战场，有时候步履维艰，有时候游刃有余。每个人都有自己的工作属性，贸然插手别人的工作会被定义为冒犯，也会被定义为对他人的不尊重，很难获得他人的认同，有时甚至会让自己在职场上陷入两难境地。

不随意插手别人的工作，是体贴、是尊重、更是自我保护；必要时给予恰到好处的帮助，才是真正的守规矩，既不伤害别人，也不伤害自己。

愿你在职场上，处世方式拿捏得当，保持足够的独立性。

第三章

有些人有些事，你可以随心的

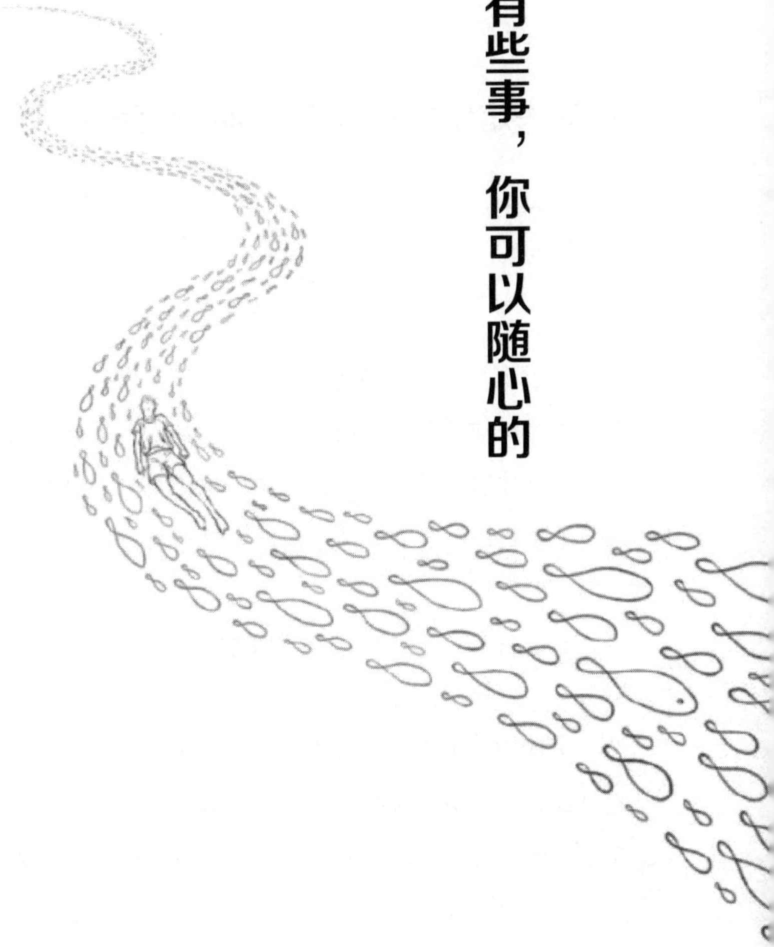

只有法定结婚的年龄，而没有该结婚的年龄

“世上只有该结婚的感情，没有该结婚的年龄”，想必很多人都听过这样一句话。但现实是大多数人到了一定的年纪，就会为结婚这件事情而焦虑，因为结婚已不再是自己的事情，而是关乎整个家庭，甚至七大姑八大姨以及外人的眼光和质疑。

001

上次和朱朱聊天，朱朱说：“如今，在身边很多人的眼里，我已经到了一个尴尬的年纪。父母催我相亲，催了几次之后发现我足够养活自己便不再说什么，只是每年过年回家依然招架不住热心的七大姑八大姨。”

大学时，朱朱和我在一个学院，毕业之后她南下去了深圳，刚开始在一家企业做文员，工作一年攒了一点积蓄之后转行做销售。她说，做销售虽然辛苦，但哪一行想要做出优异的成绩都会是很辛苦的。为了改善家里条件，她必须要想办法赚到更多的钱。

朱朱说自己很幸运的是遇到了好的上司，她会将自己的经验、如何与顾客相处、如何对待不同的顾客群体分享给朱朱。朱朱好学也很勤快，很快便接到了一小单业务，她开心了很久。这将意味着朱朱不用再用之前的积蓄生活了。

朱朱善于总结，也善于将书本上的知识学以致用。她会将潜在客户群体进行分类，给客户发消息的时候，她从来不会人云亦云，更不会选择群发，而是研究他们的特点“定制”消息，相较于他人朱朱自然是用心一些。她也善于整合现有资源，客户服务延伸时，她总能快速推荐口碑较好的商家……一年之后，朱朱实现了月入过万元的目标。

月入过万元对于朱朱的同事而言不过是家常便饭，但对于朱朱则意义不同，月入过万对自己来说是经济独立的底气：第一，工资可以补贴家用，父母不用生活得太辛苦；第二，可以报自己想学的课程，提升自己；第三，可以去自己想去的地方，开阔眼界；第四，提升生活质量，可以租好一点的房子。

26岁那年年初，父母开始催促朱朱：“朱朱，父母年纪大了，是时候结婚，找个人疼你了。年纪大了，优秀的男生就会越来越难找了。”

朱朱告诉自己的父母：“只有遇到对的人，我才会结婚。”

父母觉得朱朱太天真，苦口婆心地劝导她：“我们那个时候，不就是经人介绍，慢慢培养感情，相处一辈子的吗？你自己一个人在大城市生活肯定会很辛苦的，有个人替你分担，不是很好吗？你结婚了，我们才会放心。”

父母有父母的观念，朱朱有自己的想法，不是朱朱排斥，而是真的没有遇到合适的人。那年过年回家，朱朱带着父母在老家的省会城市买了一套三居室的房子，父母看到朱朱有能力养活自己，也就不再说什么了。

你有能力赚钱，有自己生活的底气，所以千万不要认为女生到了哪个年纪就一定要结婚，绝不能将就自己，更不用担心年纪大了就没有优秀的男生。在没遇到对的人之前努力工作，努力提升自己才是关键。

002

千万别因为所谓“该结婚”而慌了阵脚，大好的青春，不要因错爱了一个人而肆意挥霍。

蔡蔡之前在报社担任记者，工作久了后，身边陆续有人给她介绍男朋友。蔡蔡一贯的原则是，合适了相处，不合适坚决不会因为一个人生活孤单而与对方保持暧昧。

介绍的多了，同事便对蔡蔡产生了意见，认为她太挑剔，抓住各类机会想方设法地“含沙射影”。类似的观点，蔡蔡听了好多遍：女孩子工作再优秀，家庭生活不幸福才可悲呢；女孩子工作不要太拼命；女孩子最重要的是嫁得好；女孩子不要太强势，男人不喜欢太强势的女生；像你这么大年纪的时候我都已经结婚了，好男人就是要早下手。

好在蔡蔡的家人从不过多干涉她的生活，他们总会尊重女儿的选择，所以他人的观点在蔡蔡眼中并没有那么重要。

蔡蔡不甘于工作现状，因为手里资源丰富，跳槽到了另外一家民企，职位是分公司的副总，手下虽然只有20多人，但公司的福利、氛围都还不错。后来在年会上，蔡蔡遇到了现在的男朋友。男友说：“蔡蔡当时在台上发言时，我被她的气质吸引，她很知性、条理清晰，后来和她接触之后，发现她这个人不但饱读诗书，还很幽默风趣。”

蔡蔡一开始并不太清楚男生的家庭条件，后来男生主动告诉她自己的情况。蔡蔡说：“相较于家庭，我更在乎这个人后天的努力，再者我条件也不差，这几年本职工作以外，我坚持做兼职，每个月定期存款，我有足够的积蓄。”蔡蔡在最好的时光等到了属于自己的那个人。

无论何种环境，蔡蔡总像一股清流一样，散发着足够的魅力。

刘嘉玲曾说：“人生路上，好好经营自己胜过依赖任何人，年轻女孩总是无限上架，不把年龄作为资本，就永远不会担心变老，学会经营自己，每个年纪都是最好的选择。”千万别把年轻当作资本肆意挥霍，同样是生活，何不趁着年轻拼搏一下。对生活保持热情，不做自己不想做的事情，用心等待对的人出现；或许没有完全势均力敌的爱情，但你要相信只有你越来越优秀才可能会遇到真正优秀的人。

003

女孩子不要因为年纪大了而着急结婚，状态不好的情况下，失去理智的婚姻对自己有百害而无一利。

王华毕业时在北京工作了两年，两年时间里，她在工作的同时读完了专升本的课程。后来看着身边的人陆续有了男朋友，王华开始有了一点着急。某次高中同学聚会时，王华见到了老同学刘宇，两个人虽然好几年没见，但也算聊得来，终于在双方到了谈婚论嫁的年纪时，擦出了爱情的火花。

后来刘宇到另外一个城市工作，王华便跟随刘宇来到这个城市。王华在一家餐饮公司找到了工作，管吃管住。两人虽然在一个城市，但王华因长期出差，两个人不常见面。

后来男方家里催着结婚，王华的家人也同意。父母的出发点总是好的，认为孩子到这个年纪也该结婚了，他们也能尽早抱上孙子，再过几年他们老了，也不方便照顾孩子了。

执拗不过，28 岁那年王华和男友领了证。在老家办完婚礼的第四天，王华就坐火车回公司工作了。

当年的王华一心为事业拼搏，而老公刘宇却渐渐地染上了赌博的恶习。后来，他还在王华不知情的情况下向银行抵押了新房，因为那时的房子是男方家里出钱买的，房产证上写的也是刘宇的名字。两人的交流越来越少，最终王华提出了离婚，刘宇挣扎了很久，最终同意王华的提议。

王华后来对朋友说，你们一定要明白，没有所谓该结婚的年纪，任何时候都可以结婚。我不是让你们厌世，也不是让你们不听父母的话，而是你们要懂得，千万不要为了别人的感受而盲目结婚。双方一定要懂得对方有哪些缺点是可以包容的，哪些底线是坚决不可以触犯的，因为一旦跨越了鸿沟，几乎没有可以挽回的余地。

宫崎骏在《借东西的小人阿莉埃蒂》中有这样一段话：“我相信这世界上，有些人、有些事、有些爱，在见到第一次就注定要羁绊一生，就注定像一棵树一样，生长在心里，生生世世。”不是所有的人都有这样的幸运在第一次就遇到对的人，但你始终要相信，你可以。

哪个年纪的我们都是最好的，无论在哪个阶段你都要相信提升自己、充盈自己才是关键，你始终要学会保持经济独立、精神独立，千万别相信“女生不要太优秀否则嫁不到好男人”，更不要相信“过了这个年纪就不好嫁人了”类似的鬼话。

结婚后，照样可以朋友成群

很多人说婚姻是照妖镜，结婚是对双方的第一次考验，孩子出生是第二次考验，但其实婚姻更多的是对自己的考验。很多女性发现结婚后的自己宛若另外一个人，她们被禁锢在越来越窄的圈子当中，每天沉浸在家庭事务当中，没有时间顾得上其他。就像大部分人的观念，婚后的生活重心不单单是自己，还有家庭生活与孩子，原有的友情渐行渐远，就是因为这些消耗了很大一部分精力。

事实并不如此，朋友成群、以往的社交圈其实完全可以继续进行甚至可以维持得更好。

001

结婚后，你依然可以保持自己的交友圈。

钱钟书先生在《围城》当中说过："婚姻就像一座围城，城外的人想进去，城里的人想出来。"多少女性带着"执子之手，与子偕老"的美梦步入婚姻的殿堂，但进入一段时间之后却发现美梦似乎是一场噩梦，有数不尽的家务，调皮的孩子，老公应酬，原有的社交圈也因为自己懒得经营而销声匿迹。

其实，不是没时间，而是各种事务的堆积让自己懒得去思考，懒得经营自己的圈子。

婚前的小敏，虽不能用貌美如花来形容，但也非常耐看。她身形瘦小、精干有力，吹弹可破的皮肤加上用心的保养，很是水灵。她工作努力、生活精致，每年都有明确的计划。闺密群中，大家经常会分享近期生活状态，不攀比、不炫耀，只是单纯的分享。

婚后的小敏，似乎像变了一个人，再也不是那个美得独一无二的女子。生活给了她一地鸡毛，小敏开始陷入琐事中，丧失了原来做事精干的能力。她不再是从前那个精致的自己，而是经常抱着这样的心态过日子：

都已经为人妇，干吗要花时间打扮得那么漂亮，给谁看啊。

都已经成为孩子她妈了，没必要花费时间、浪费钱买那么多新衣服，反正身材也走样了。

跑那么远的地方见朋友，哪里有时间啊，懒得动。

她习惯了琐碎而又简单的生活，可这种慵懒的生活过久了，她也会厌倦。她想念没有结婚时朋友聚会的热闹，想念朋友在一起的八卦美好；她渴望偶尔从生活中的脱离与放松，哪怕只是和三两闺密聚在一起说说话便心满意足。但她又有很多担心，担心孩子离不开自己、担心孩子哭闹、担心家人照顾不周，所以在朋友约她喝下午茶的时候，她总会以“路程太远，放心不下孩子；家务活太多”为由拒绝，后来朋友索性也不叫她了。

小敏的状态是多少已婚女士的写照，她们打着为了家庭的旗号，抱有一副懒惰的状态什么都不愿意做，友谊也随之渐行渐远。直到太多的不被理解和委屈压在心里，想起曾经的好友，才后悔当初因为本性的懒惰而自我放弃。

与小敏状态相反的是朋友小贤，两人状况大致相仿，小贤却从不过多地将精力放在孩子和老公身上。对待家庭，她有自己的时间安排，有明确的育儿理念；对待工作，她兢兢业业，工作时间全神贯注高效率地完成工作。生活中，她会严格要求自己的体形，生活有品质且又讲究；对待老公，她给予信任、尊重与足够的鼓励，独立又依赖；对待父母，她孝顺如一。

这么多年，她和朋友之间的友情始终很好。朋友是心灵的安慰、更是抹不掉的友情，也是前行路上的良师益友。

婚后的女性千万不要把自己局限在家庭当中，也不要觉得自己没时间，在自我提升、自我社交上还是要更加勤快一些，因为你的成长是看得见的。单纯地盯着某处，将所有的重心放在孩子、家庭或者伴侣身上，那么你看待问题只会越来越狭隘。适时调整自己的状态，重拾当年的激情，对于保持良好的自我状态是有好处的，自己的状态好了，家庭生活也会更好。

谁说女性在结婚之后还有自己的圈子是浪费时间，谁说女性婚后不可以朋友成群，只要你愿意，任何时候都可以。你可以游刃有余地处理好工作、家庭与生活的关系，亦可以成为朋友圈中那个自信、快乐、放松的自己。

002

那些活得通透的女子都明白，遇见对的人、步入婚姻殿堂对自己的生活来说是锦上添花，没结婚的时候可以活得潇洒自由，结婚后的自己依旧可以怡然自得。她们从不因家庭生活的琐碎变得怨声四起，更不会因为孩子的折腾而喋喋不休，生活的细碎和忙碌并没有让她们和闺密断了联系，哪怕带着熊孩子一起赴约，也要放空自己。

行走在人生路上，辛辛满是动力。

辛辛和老公是大学同学，相处第六年的时候两个人步入了婚姻的殿堂。她在自己家门口的一家上市公司上班，老公因为工作的缘故每周只回来两次。婚后的辛辛住在娘家，少了婆媳矛盾，更少了家庭生活可能会遇到的麻烦，她的生活相对来说比较轻松。后来因为工作频繁调动，辛辛在怀孕伊始便辞职在家。那时她觉得生活简直太幸福了，终于不再每天面对朝九晚五的忙碌了。可时间久了，辛辛一个人待得实在无聊，越发觉得自己进入“废柴”的状态，除了吃饭、睡觉、上厕所必备事项，其他的什么都不想干。

辛辛觉得自己再这么下去状态会越来越差，她开始逐渐调整自己，列下了属于自己的计划：每天起床之后收拾好自己，穿戴整齐、坚持阅读、学习插画、整理家里废弃的小花园、晚饭后和母亲散步、每周和闺密小聚。她成立的闺密群，群里没有完全的八卦，而是心得的分享、问题的讨论以及排忧解难。她会在闺密结婚之前帮忙置办嫁妆、会在好友选择困难症发作时提出不同的见解、会鼓励闺密做自己想做的事情……辛辛的老公形容她，“你现在比上班还要忙”。

懒惰如蝼蚁，一旦习惯便会侵蚀着我们的生活，所以别为懒惰找借口。生活远比我们想象的多姿多彩，除了亲密关系，友谊更是不可或缺。只要你愿意去做，你身边的朋友就会陪着你，因为一起成长的快乐是无法被替代的。任何时候都不要舍弃个人圈子，更不要放弃友谊。

003

婚姻甚至是恋爱关系当中，很多人将所有的关注点都放在了对方身上，不想花费时间去寻找爱情以外的友情，于是脱离了原有的圈子，视野越来越小，路越走越窄。

最好的关系不是彼此的禁锢，而是互相依赖，但又互相独立，保持自己的爱好，结交更加适合自己的朋友，最好的模式是彼此共同成长。

两性专栏作者女王 C-cup 在演讲中提到中国很多婚姻的现状：男人探索世界，去建立社会交往，获得社会资本；女人待在亲密关系中，离其他男人远一点。结果男人得到世界，女人说好听点叫得到男人，说实在点叫被关系圈禁。

很多人都做了岁月的奴隶，忘记了曾经最好的状态。其实，我们内心都明白不是我们太忙、不是我们没时间，而是自己放弃了自己，放弃了原本属于自己的社交圈，丧失了曾经对生活的激情与斗志。曾经，年少时，聚会上的你魅力四射；中年时，一群人相聚中的你沉稳有力；年老时，朋友圈的你容光焕发……

每一位已婚妇女都有着超强的战斗力，不是生活黯淡无光，而是我们在一地鸡毛的生活里太久。试想，曾经每一次赴约前的用心装扮，镜子里的那个人不再灰头土脸、不再憔悴无光、不再邋遢随意，而是衣着得体、优雅美丽。其实生活从未忘记任何一个人，带着自信与希望赴每一次朋友的相聚，哪怕只是一次短暂的聊天。

作家李爱玲曾写过：“谁不曾被家庭和工作撕扯，谁不曾被婆婆和熊孩子折磨；柴米里翻腾，尘世中打滚，当了妈的女人，哪一个不是凭一口仙气吊着活。这几年我越来越觉得，越是负重前行，越要学会放空。我和三个老闺密，每年都要分别从四个城市一起聚到某个陌生的城市，白天走走停停，夜里听雨品茗，是红尘桎梏的任性，也是残酷时光中的深情。”

这种友情没有什么可以替代，是放空、是倾听，更是款款深情。无论何时，请记得你依旧可以朋友成群，优质的社交会帮助你快速成长。因为，朋友是即使不常联系，也不会忘记你的那个人；是风雨无阻都会来见你的人；是默默倾听你诉说，无关乎生活碎碎念的那个人……他（她）可以陪你哭，可以陪你笑，可以与你共同成长。

愿你在岁月的长河中始终保持自己的友情，不断地结交更多志趣相投的人，找到属于自己的朋友，三三两两分享生活周遭的趣事，此生足矣。

结不结婚最关谁的事

网上看到这样一句话：生命中最重要的不是爱情、婚姻、孩子，而是内心的安宁，可以轰轰烈烈，可以平平淡淡，但要无愧于心。一辈子像在爬山，不一定要到山顶才美丽。因为最美的风景在路上，有花有树有石头，有苦有泪有欢笑，往往爬到山顶，回头才发现错过了那么多的美。

001

很多人的一生都活在他人的阴影下，至少他们在婚姻的选择上对自己的内心并不清楚。

知乎上有一则提问："为什么颜宁（37 岁破解了困扰生物学

界 50 年难题的科学家）不结婚？这会误导多少搞科研的女生。”

提问者显然为男性，这个时代的女人终于有权力选择不结婚、不生小孩，更有权力选择去追逐个人事业、个人梦想。

对于不结婚这件事，颜宁在接受采访时，直接告诉记者，我不会结婚，对此要感谢我父母的开明。

在回复作家丛虫的微博里，她说：“看了这么多评论很感慨，很少看见讨论女性自己想要什么。像我这么喜欢小孩子的人，如果结了婚、有了小孩势必影响我的生活自由和事业自由。我终归是爱我自己多一点。”

总归，在结婚这件事情上，关注最多的应该是自己的内心。

男大当婚，女大当嫁。同学的姑姑 30 岁那年还未出嫁，父母一度心急如焚。

姑姑工作还不错，人长得也漂亮，高挑的个头，白皙的皮肤，到了谈婚论嫁的年龄，街坊四邻都很热心地帮她介绍对象，可是她并不着急。她是个很自立的人，又喜欢自由，一直觉得一个人生活还蛮不错，而且，关于男朋友她要求最多的就是一定要三观相投的。相亲就像做买卖，这种方式她无法接受。所以，对于要给她介绍对象的这些街坊四邻，她都一一婉拒了。

父母见她这样，急得冒火，每天唉声叹气，威逼利诱都用上了，可姑姑就是不为所动。31 岁那年，妈妈说，今年你再嫁不出去，我和你爸爸都没脸出去见人了。父母从小到大把姑姑捧在手心里，说这样的话算是很伤人了。姑姑却说，结不结婚是我自己的事情，你们可以给出建议和意见，但是不能为我做主。父母无奈叹息，最后也不管了，随她去吧。但是，街坊的闲言碎语开始多了起来，姑姑也不以为意，还给父母做思想工作。过日子，如人饮水，冷暖自知，不用太在意别人说什么。

后来，姑姑的公司有个外调上海总部的名额，她提了申请并顺利外调。在上海，她认识了几个像她这样的大龄女青年，对于婚姻，她们有着同样的观点。一是结婚最重要的是两个人的事情。别人可以给出参考意见，但是不能左右自己的思想。二是结婚要听从自己的内心。不要因为外界干扰、压力而急匆匆地把自己嫁出去。三是一定要找到合适的人才结婚。所谓合适，是三观志趣相投，有安全感，有归属感。

姑姑是这样坚持的，也是这样做的。在 33 岁的时候，她终于找到了属于自己的幸福。

父母之命、媒妁之言已经成为过去，父母的建议可以参考，但不必完全遵循。伴你一生的将会是你选择的那个伴侣，所有相处的感受只有自己最清楚，你得先清楚地了解自己的内心以及想要经营的生活，继而才能选择适合自己的那个人。

002

我不在乎他的家庭条件如何，我在乎的是我们相处时的感受以及对未来的态度。

前两天月儿和男友领了证，在老家举行了婚礼。

月儿和男友是大学同学，两个人在一起十分相爱。刚开始上班的那两年，月儿和男友在不同的公司上班，两人隔三岔五见面。后来男友想要南下，因为那边城市的工资相对更高一些，他想要通过自己的努力给月儿一个幸福的家。

异地恋是无尽的思念、时时刻刻的牵挂、是你想要依靠的人不在身边，很多时候是一种煎熬，对未来充满希望但很快又充满绝望。在这种患得患失的状态下，两人之间逐渐生了嫌隙。之后是无尽的争吵，月儿不明白为什么明明相爱的两个人会变成这样，最后两人和平分手。

父母、朋友也觉得两个人相隔两地，没有未来，十分支持月儿的决定。可是只有月儿自己知道，他们分手不是因为不爱了，而是因为对未来的不自信。

分手之后的月儿将大部分精力放在了工作上，后来因为工作业绩突出被派到国外的总公司进行培训。但是，她的心里一直装着前男友，也没法接受其他异性。

两年后，前男友从南方回来，一方面父母催他回来成家；另一方面，他事业做得不错，可以给月儿一个很好的生活。

当男友说他心里一直没有忘掉月儿，他想复合的时候，月儿答应了。许多朋友劝她说："好马不吃回头草，既然都分手了，何必又在一起？"

月儿并没有因为朋友的建议而影响自己的决定。在这种时候，面子什么都不重要。因为她自己心里明白，当时他们为什么会分手。如今两个人都比之前优秀，都有足够的自信去面对今后的生活。婚姻是一辈子的事情，站在眼前的这个男人是值得自己托付终身的，她相信自己的选择没有错。

席慕蓉在《成长的轨迹》中写道："人的一生应该为自己而活，应该喜欢自己，也不要太在意别人怎么看我，或者别人怎么想我。其实别人如何衡量你，也全在于你自己如何衡量你自己。"

幸福是靠自己争取的。很多人抹不开面子，认为如果自己回头岂不是很丢人。但你要知道，不是所有的事情都不值得回头，也不是所有的人都是人渣。面子是这个世界上最没用的东西，很多时候因为面子丢掉了最珍贵的东西，那才是得不偿失。

003

当下如果你犹豫不决，不妨静下心来问问你的内心，外在的力量永远不及内在的力量来得坚定、清晰，因为结婚只关乎你自己。

莎莎的老公当年是穷小子，父母不同意两人在一起，原因只有一个，就是对方家庭条件太差了，怕委屈了女儿，怕女儿以后的生活会很辛苦。但莎莎态度很坚决，非君不嫁。一方面男友家庭条件虽然很差，但她考虑更多的是老公这个人：他工作不错，努力上进、对自己很体贴，两个人三观一致，相处起来轻松。另一方面，男友的父母性格十分容易相处，通情达理，很好沟通，而且对莎莎很好。

尽管父母反对，也做了一些阻挠措施，但莎莎不为所动，她一直向父母争取，做了许多思想工作，父母最终同意了两人的婚事。

婚后两人生活得很幸福，老公的事业也蒸蒸日上。宝宝出生的第二年，他们在这个城市买了房子，婆婆尽心帮他们照顾孩子，把莎莎当女儿一样对待，也没有出现婆媳矛盾。

感受着如今的幸福生活，莎莎很庆幸当年如此坚定地坚持自己的内心，不然就要错过这么好的老公和家庭了。

幸福的婚姻靠自己争取。人生这一路上大多数时候需要的是听从自己的内心，这个最容易也最难。一个人内在的安静远远比外在的喧嚣来得更稳一些，因为自己的内心不需要他人太多的建议、不需要考虑旁人的观点，直接问自己就好。要记住，结婚关乎的是自己的事，但难就难在我们是否清晰内心的想法，以及我们怎样坚定不移地坚守自己的内心。

小说《爱玛》中，哈丽特问爱玛："你为何不结婚？你如此天生丽质。"

爱玛说："告诉你吧，我连结婚的想法都没有。我衣食无忧，生活充实，既然爱情未到，我又何必改变现在的状态呢。不用替我担心，哈丽特，因为我会成为一个富有的老姑娘，只有穷困潦倒的小姑娘才会成为大家的笑柄。"

你结不结婚和别人没什么关系，更无须依靠男人体现自己的价值。

不要听信"年龄大了好男人被抢光了""再不结婚就成剩女了"这样的言语，你的婚姻由你做主，至少在这件事情上你可以很自主。

生孩子 = 失业？

001

大女主时代虽然已经来临，越来越多的女性亦敢于突破自我，追逐个人成长，看似风光无限、雷厉风行，但面对结婚生子这件事情时，很多人都经历过犹豫不决。

其实主要是生活压力，孩子的到来在某种程度上会加重生活压力，拼教育、拼才艺、拼环境，无一不依靠经济条件的支撑。

根据 2015 年人口抽样调查数据，中国妈妈大多数在 24 岁至 26 岁时生下第一个孩子。对于在外打拼的年轻人而言，这时正是买房、升职各种压力全面袭来的时刻。一个孩子的将临，不知让多少年轻父母三番五次地崩溃过。

天涯上有一则帖子《我不想给月薪 2500 元的穷老公生孩子，

我错了吗》，发帖人和老公是大学同学，当初不顾母亲的强烈反对，毅然决然地决定嫁现在的老公，结婚三年一直被婆婆施加要孩子的压力。该女子认为自己不想生孩子，不想让孩子成为“穷三代”，同时生孩子意味着自己要失业，老公的工作没有起色，意味着收入不会增加，到时候老公的收入也只够还房贷，而现在职场的自己还能加班加点工作为家庭收入做一些贡献。她的想法不被理解，如今她一方面被老公指责，一方面还要看婆婆脸色。

压力的来源不仅是经济条件，还有社会对女性的要求也在“变本加厉”：婚后的女性，要爱家庭、爱工作、爱生活，既要赚钱持家，又要貌美如花；当妈后不敢病、不敢老、不敢轻易辞职，既要打理家务、倾心陪伴，又要减少婆婆妈妈，这种压力来自生活条件，也来自职场。

既要兼顾职场，又要照顾小孩，婚后的女性大概是这个世界上最辛苦的工作了，稍有不对，就会里外不是人，公司嫌弃你“工作不够尽心尽力，精力大不如从前，不行就换人”；老人指责你“孩子最重要，教育孩子才是大事，你那么努力干吗”；老公抱怨你“你都不懂得体谅父母、照顾孩子，能早点回家就早点回家”。

焦虑、恐慌加剧了“生孩子意味着失业”的观点的漫延。

另外，生孩子意味着体力与精力的消耗。

中国自古以来就有根深蒂固的“男主外，女主内”的观念，不少家庭带孩子的重担依旧落在女性身上，即使有父母帮衬，孩子的教育总归是要以自己与丈夫为主导，这也足以让女性不得不选择回归家庭。

在一项调查中显示，有 77% 的孩子由妈妈照顾，对于因带孩子减少工作时间或者放弃工作的妈妈来说，也基本放弃了升迁、加薪等机会。

英国杂志《母婴》中有一项数据：从孩子出生到 4 个月间，年轻妈妈平均每晚睡 4 小时；等孩子长到 18 个月，她们的睡眠才爬升到可怜的 5 小时。有 88% 的年轻妈妈表示睡眠不足常让她们感到身体疲乏，有 56% 的年轻妈妈坦言疲倦时常让她们感到丧气爆表。

所以，越来越多的人在生孩子这件事情上犹豫不决，似乎大量的例子无一例外地表明生孩子就意味着失业。但是，所谓“过来人”经验，不过是别人生活的经验，别人告诉你的所谓正确的事，不一定是有用的，所有的事情都应该靠自己努力尝试。

那么，究竟生孩子是否会意味着失业呢，如果找到解决的突破口，问题不仅会迎刃而解，也许还会碰撞出不一样的火花。

002

生孩子或许在某种程度上会影响你的职业生涯，但不会一直影响，因为职业生涯除了你的规划外，关键是你拥有的能力。

王丹和老公就职于同一家公司，两人都是工作狂，对工作有清晰的规划。后来王丹的老公跳槽到某知名企业任公关总监，王丹要求自己职业上要和老公齐头并进，于是在工作上更加拼命。

孩子的意外到来一时间让王丹摇摆不定，原本计划好的职业晋升路径似乎要脱离轨道。生孩子，可能就会丢掉职场晋升机会，甚至面临失业；不生孩子，职业晋升也许会如愿以偿，但缓几年才能要孩子，年龄会变大，高龄产妇意味着风险的增加。王丹内心犹豫不决。

她怕自己不足以做完美妈妈、完美太太、完美儿媳、完美职业人，再也找不到那个厉兵秣马、全情投入的自己。

后来思前想后，王丹将自己的犹豫、疑惑告诉老公，老公分析出来的和她想的是一样的。王丹的摇摆不定，老公看在眼里，对于工作和孩子老公都呈现支持王丹的想法。后来王丹仔细剖析，工作能力优秀的自己差的是机遇，但孩子的到来也是契机，反而可以让自己好好想想究竟想要什么。

因为怀孕，王丹的精力已不如从前，但王丹对自己的工作要求反而更加高了。王丹的团队并未因她怀孕而影响工作，依然保持业绩领头羊的位置。

坐完月子，王丹把父母接到身边帮忙带孩子。产假期间，她除了带孩子也要求自己快速恢复，恢复状态、恢复身材，然后带着十分的热情返回职场继续工作。王丹不是那种为了工作不要家庭和孩子的人，她深知自己爱孩子也爱工作，定要有所取舍，天平也始终会向其中的一方倾斜，后来王丹很快实现了职场晋升。

每周末她和老公一起陪孩子，也会用文章记录孩子成长的点滴。孩子稍微懂事一些，她和孩子聊天，告诉孩子："爸爸妈妈很爱你，但也爱工作，我们努力赚钱，努力拼搏，是为了给你提供一个好的环境，也是为了实现自我价值，只要有时间，爸爸妈妈就陪你旅游、陪你读书、陪你玩耍。"

王丹工作时拼搏努力，陪伴孩子时全情投入，懂事的孩子感知得到。她看着妈妈的拼搏努力，并未心生抱怨，而是为妈妈感到骄傲，和幼儿园小朋友说起来也是一脸骄傲。

高质量的陪伴并不是时刻的不分离，不是全职带孩子时头也不抬地聊天看手机，不是带孩子时的心不在焉，更不是孩子哭闹时的不耐烦，而是以身作则，该工作时的砥砺前行，该陪伴时的全情投入。

生孩子并不等于失业，那些真正厉害的人生完孩子依然可以划分重点，以高效的方式要求自己实现自我价值。这些女人永远都是人生的赢家，因为她们始终拎得清。

003

大部分的人似乎只看到了生孩子带来的负面效应，却很少剖析孩子到来带来的正面效应，一个人的潜能是可以挖掘的，只要你不想失业就不会失业，个人的价值是可以通过方方面面体现的。

孩子的到来看似是一种考验，其实经过一番摸索，你清晰地知道自己想要怎样的生活，这样反而会提高工作效率。

水湄物语，豆瓣红人、作家。和老公一起创办长投网，现育有三个孩子，一个四岁，两个两岁。她同时管理三家公司，会分享投资理财心得、会写下母子（女）相处之道。很多人可能会说，水湄物语这么有钱，三个孩子对于她来讲也无所谓，毕竟有钱可以请到保姆，有钱可以给孩子最好的教育，有钱可以给孩子提供更好的环境，她不用失业，就能去做自己喜欢的事情。如果你这样想就大错特错了，钱并不能买来陪伴。像水湄物语这样条件的人一抓一大把，有了孩子之后会选择辞掉工作，专心带孩子，但水湄物语并没有这样做。

孩子的到来，会让我们在摸爬滚打中摸索出高效生活、高效工作、高效育儿之道。一次分享会上，水湄物语提出自己一周三天陪双胞胎睡觉，四天陪儿子睡觉；一点和四点醒来的时候会起来看书；早晨家里会比较乱，还得让阿姨洗漱；自己则抱着双胞胎，指挥儿子玩，吃早饭。送儿子去幼儿园后，她去上班，然后会利用空闲时间去健身，在晚上写公众号。

除此以外，她还要跑步、谈事……经常在跑步的时候听书，健身房一边拉伸一边涂发膜，有时也会约朋友谈事情。

对待孩子，她始终都保持自己的情绪稳定，以共情的方式体会孩子的情绪。在孩子情绪波动时，她通过贴标签的方式让孩子意识到自己的行为是有道理的，继而帮助他找到释放情绪的办法。

孩子的到来让她更加懂得什么才是最重要的事情，运用到工作上，创造高业绩；运用到带娃上，孩子更加具有自主能力，因为她认为在生活上孩子不需要过度控制。

不是当妈就意味着失业，而是很多时候我们不能专注当下，一头雾水地“深入”其中，丝毫不懂得经验的摸索，更加不清晰内心的真实想法。带不好孩子，做不好家务，当不了好妻子，于是内心开始越来越怀疑当初的选择。失业本身和孩子并无太大的关系，只是太多时候我们自以为和孩子有关。

004

完美妈妈虽然是不存在的，但也不意味着失去太多。

孩子的到来会让你挖掘更大的发展空间，即便辞职也可以通过更多的方式挖掘自身的价值，甚至可以做得比原工作还好，因为创业、写作也是工作方式的一种。

宁远，著名畅销书作家，曾经被称作“最美女主播”“金话筒奖”得主，同时也是高校老师，现在是“远远的阳光房”创始人、服装设计师。曾出版散文集《丰收》《真怕你是个乖孩子》《把时间浪费在美好的事物上》等，她是文艺生活家，种菜也种花、裁布又染布、读书还写书。

她辞职后自主创业，目前育有三娃，她也是“远远的阳光房”的管理人。三胎时，孕期九月，她每天依然安排满满，早晨送孩子去学馆，路上和孩子一起聊天，然后学习摄影，管理工作室。多重身份下的宁远越活越生动，越活越美丽。她陪伴孩子，也是自我提升的方式，她带着两个女儿走了很多地方，欧洲诸国、澳大利亚、新加坡和中国的北京、云南……每到一个地方，她们都会住下来，体验当地的生活，将孩子送进当地人的学校，吃当地人的饭菜，她把这种方式叫作“旅居”。这不单单是视野的拓展，也为个人事业的发展提供了源源不断的素材。

孩子乖巧独立，有自己的爱好，会经常在田间和旷野亲密无间；她会和孩子一起体验国外游学，拓展更大的视野；也会亲自给孩子设计服装，孩子也会在亲子关系中获得足够的尊重，体验更多的爱与陪伴。她的精力虽不能平衡分布，但也有所侧重。

新生命、新事业的开拓下，她反而越发动人，写得了好文章，做得了质感服装，带得好孩子，更能管理好工作。

无论是女强人、超人妈妈，还是那些被认为是优秀且还没有累垮的职业妈妈无一不是清晰地懂得内心的真实想法，所以，无论是两性相处、孩子陪伴、工作抉择，你都应该明白，这世上没有十全十美的人。

愿你始终明白，生孩子并不意味着失业，反而你会因为孩子的到来而更高效地管理时间，更懂得内心深处的所需。

人的一生终究要学会取舍，学会在纷繁复杂的选择中有所倾斜地去做自己更爱的事情。所谓真理，不过是别人生活的经验，别人告诉你所谓正确的事，不一定是真的，所有的事情都应该靠自己努力尝试。

你可以一边带娃，一边写作；也可以一边带娃，一边创业；

更可以一边带娃，一边貌美如花；既可以灵动优雅，又可以成为贴心宝妈。

孩子 = 必需品？

001

很多人都说没有孩子婚姻是维持不了太久的，有孩子的女人一生才完整，没有孩子的夫妻怎能相处一辈子……所以总结起来无非就是：孩子 = 必需品，可事实真的是这样吗，我想答案是否定的。

孩子的到来是惊喜、责任，而不是必需品，更不是负担。

那些真正幸福的人从来都是由内而外，他们不将过多的关注点放在孩子身上，而是关注个人成长、丰富个人内在，人生的每一步路都脚踏实地。

张洁和张先生婚后育有一女，张洁对女儿的教育方式是让她和自己成为朋友，不过分约束，也不过分苛责。因为张洁始终认为一个连自己都不幸福的女人，又怎能教育出幸福的孩子，所以她自始至终都不会将过多的精力用在孩子身上。

我欣赏张洁的生活态度，那些常常说要以身作则的人，到了最后，却将所有的赌注、所有关切的目光、大部分精力都用在了孩子身上，过多的目光不仅会给孩子造成压力，也会让自己离幸福越来越远。

张洁有自己的工作，每天晚上做好家务、结束亲子陪伴时光后，会准备好第二天上班时的服装。妆容得体、神采奕奕、温柔细腻，再配以小高跟，丝毫看不出她的实际年龄；下班后换上便装、舒适的平底鞋，宛若幸福、懂得享受生活的小女人。她会为家人做好饭菜，会全情投入亲子共读时光，会和老公在特定节日单独约会，但也会从有限的时光中挤出一些留给自己。

张洁会定期和闺密开 party，各自备上美味佳肴、新鲜水果，再带上一瓶红酒和各类用具，聊聊天、喝喝茶，尽情享受闺密时光；也会独自学习各类课程，自媒体时代张洁丝毫不甘示弱，写文章、做公众号；会参加瑜伽课程，也会每年独自旅行。看着张洁的生活，身边人有些艳羡，因为同样是生活、同样是带孩子，为什么张洁的人生活得如此潇洒而又幸福？

惠娟，和张洁年纪相仿，看起来却比张洁大很多。惠娟的心思全在老公和孩子身上，上班时一边工作一边担心孩子在学校的表现；下班后一边打扫卫生，一边嘟囔老公不懂得体谅；和同事聊天三句不离孩子，不是抱怨孩子学习成绩不好，就是抱怨孩子不够自律，关于孩子的大部分细节都被惠娟讲了个遍。

惠娟可能到现在还没有明白，生而为人，每个人都是独立的个体。孩子是独立的，他们终究要长大，总会有自己的人生，一个状态不好的妈妈，又怎能给孩子带来幸福能量。

我们会因为孩子取得的成绩、生活的幸福、美好的人生而感到开心，却不会因此而发自内心地感到幸福，因为外面只有你自己。美好的人生无一不依靠内在的力量。

002

我们期盼咿呀学语的孩子快快长大，期盼他们过上幸福的生活，但过度关注孩子会忘记本真，更少关注自我内在和自我所需。女人始终要明白人生最重要的功课之一就是爱自己，万万不可将所有的关注点都放在孩子身上，只有自我内心充盈、自己生活幸福，身边的人才会被感染。生活从来不会因为你有了孩子就会幸福，如果将目光过分转嫁到孩子身上，不仅会失去自我，也会影响到身边的人。

著名演员、“国民老公”冯远征和老婆梁丹妮的婚姻一直是娱乐圈的佳话。冯远征比梁丹妮小 8 岁，但两人感情十分稳定，结婚 22 年始终不离不弃，打破了“没有孩子的婚姻是不完整的”诸如此类的谬论。

工作中的梁丹妮十分努力，有着极好的专业素养，她不讨巧、不论资历，根据不同的剧目要求演绎出不同类型的形象，堪称“母亲专业户”。话剧演出需要更大的功力，一部完整的话剧非常考验演员的功底，梁丹妮却得心应手，即使对待自己曾经演出过的话剧也认真对待，甚至把旧的录像拿出来一帧一帧地看。在梁丹妮的心中戏比天大，她一直以这样的标准严格要求自己：“别人能做到的我要做到，别人做不到的我也要坚持让自己做到，这样才能赋予这个角色更多的生命力。”

她会在空闲时间继续练功、练习舞蹈，对自己的形体有着特别严格的要求。生活中的梁丹妮不因年龄“约束”自己，依旧喜欢收集毛绒娃娃，冯远征对她的爱好乐此不疲。两人结婚时因为梁丹妮已经年龄不小，冯远征提出了做“丁克”的想法，过去这么多年两人依然恩爱如初。他们幸福甜蜜，并不会因为孩子的问题对婚姻造成影响，在他们的世界里不要孩子不是魔咒，而是一种相爱的方式。

梁丹妮从不会因为婚姻、孩子放弃自己的追求，更不会因为孩子、婚姻忘记自己的初衷，她的每一步路都走得很踏实，这样的女人本身就很幸福。

不是没有孩子的女人不完整，不是没有孩子的家庭不幸福，真正的原因在于你本身就感受不到幸福，而孩子不是生活的必需品。

外在的风景，其实就是内在心情的映射，正如王阳明的那句：你未看此花时，此花与汝同归于寂；你来看此花时，则此花颜色一时明白起来，便知此花不在你的心外。

一个真正爱自己的人、一个永远懂得自己要什么的人、一个拎得清的人，无论身处怎样的角色，永远都会觉得幸福。她会因为孩子的到来锦上添花，也会在没有孩子时独善其身，享受生活的本真，这不是没有责任感，反而是负责任的表现。

003

从恋爱步入婚姻的殿堂，多少爱情瞬间变成了一地鸡毛，所有的浓情蜜语已鲜有存在，甚至忘记了必要的陪伴，于是吵吵闹闹的生活里萌生了“有了孩子或许他就会顾家”“有了孩子一切都好了”这样的念头，我们把希望寄托在即将到来的新生命上。

于是太多的人认为，孩子是婚姻的必需品、是婚姻的调节剂，如果没有了孩子，婚姻就很难维系；太多的人不断地给身边人灌输这样的理念：一代代的人应该都肩负传宗接代的使命，尤其是独生子女没有选择——想当年母亲怀胎十月辛辛苦苦生下你，如今你也应该怀胎十月生下他（她），这才是给父母最好的礼物……

可是，当你永远活在他人的价值观之下，你真的幸福吗？任何事情，首先想到的是你自己，其次才是别人，所有矛盾的产生不会因为有了孩子就可以解决，应该问题出在哪里就从哪里找源头。

无奈的背后就是默默地接受，因为路是自己选的，人生是自己经营的。当你选择接受之后，意味着你要学会承受到来的一切，好的、坏的都有。

那么，对于有孩子的家庭，如何不被生活的琐事牵绊，不被过多的事物占据仅有的一丝精力，转而生活得更幸福，总结如下：

改变自我认知。孩子也是独立存在的个体，作为父母，学会尊重孩子，不将过分的精力放在孩子身上，孩子并不会因为我们将所有的精力付诸之上就会发展良好。仔细观察，不难看出那些整天围着孩子转的人其实生活得并没有那么幸福，身材走样、衣着不讲究；反而是那些能将自己经营好的人，他们的人生好到开挂，命运总会垂青、机会总会眷顾，他们生活幸福、孩子乖巧懂事。其实不是机遇有多么好，而是他们始终清楚地知道自我拥有幸福感的人，家庭生活也不会太差，孩子也会被影响继而选择自己更清晰的人生。

发现生活中的美好，给自己空间。一地鸡毛的生活里，不会因为你身处困境就给予你太多的馈赠。对待生活，要善于制造惊喜、发现生活的美好，时刻保持好的生活状态会让你在不同的生活状态下始终保持新鲜感，始终带有良好的状态。民国才女林徽因被迫离家，身在外地时，她的状态印证了一句话：自我坚持的孑然。

经营自己。很多女性进入婚姻、步入琐碎就会陷入“怨妇”的状态。一方面想要做完美女人，另一方面又不想被生活琐事束缚，却又不得不向现实低头。孩子占据了自己的世界，一番辛勤付出，俨然成为活脱脱的毫无形象的中年妇女，最后的结果也不尽如人意。不管是否有孩子，你都要学会经营好自己。就像单亲妈妈何洁，即使面对离婚，也没有丧气，而是将更多的精力投入工作中，努力减肥、开演唱会，带着儿子七宝参加亲子节目，努力经营自己，带着对生活的巨大勇气为孩子做好榜样，为他保驾护航。

无论孩子是否作为生命中的必需品，你始终要清楚，一切的前提是心甘情愿，你要清楚自己想要什么，继而做出相应的努力。

你最美的样子，不是在家相夫教子、不是素面朝天的真实、不是言听计从、不是一味乖巧省钱，而是你可以在任何时候保持生活得更好的能力。

愿你在前行的路上多一份笃定，有孩子的家庭，有他们教育孩子、见证孩子成长的快乐与喜悦；没有孩子的家庭，有他们独处的自由，任何时候都保持拥有自我幸福的能力。保持生活的新鲜感，做那个生动明媚而又有趣的女子。

中年失婚＝没人要？

001

中年女人，是母亲，是女儿，是妻子；中年男人，是爸爸、是儿子、是丈夫。有的人独立、果敢，无论标榜怎样的角色、身处怎样的困境，始终都能保持独立自主、以积极乐观的心态面对生活；有的人早已迷失自己，看似岁月静好实则早已放弃自我，工作差、生活糟糕、家庭婚姻更是不如意，和“中年失婚”已无区别。

这些让我想到王雅，王雅和丈夫在小区门口开水果摊，和隔壁相比，他们家生意真的很一般。王雅是小区公认的能干女人，每天早出晚归、任劳任怨。可看似非常努力的王雅，其实状态一直都很差，夫妻感情一点都不和睦，老公总是指责王雅，王雅也总是责备老公，两人整天吵着过日子，重则动手，轻则动嘴。吵完后，王雅开始哭哭啼啼，说自己嫁错了男人，要离婚。

王雅的老公负责前期采购，王雅负责现场售卖，芝麻大点的水果摊里永远都没有干净的时候，水果摆放很乱、地面上的垃圾也不及时清理，代收的快递盒子随意摆放，每次取快递和买水果的客人聚在一起时，王雅一着急忘记东西放在哪里，找了半天也找不到，还要吐出脏字。丈夫总会在旁边嘟囔几句，唉，你瞧你那猪脑子，不会按时间分类摆放，干啥啥不行……吵着吵着，两人开始破口大骂，丈夫转身离开。

仔细看，王雅长得很好看，但从不好好收拾自己，卖水果时穿着很随意，有些污渍的衣服也能穿好几天。不是水果摊有多忙，而是她在空闲时宁愿抱怨也不愿意整理自己，听小区的人说，王雅年轻的时候可不是这个样子的。

王雅和丈夫刚结婚时，每天都会将自己收拾得干干净净，逢人便热情地和大家打招呼，夫妻两人关系也一度很好。可后来孩子出生后，王雅开始陷入无止境的抱怨中，一会儿抱怨丈夫在外不够体贴自己，一会儿抱怨自己看孩子太辛苦，也没人帮忙。人就是这样，生活不会因你的抱怨变得越来越好，反而是你迎接生活的到来，努力面对生活才会给你更好的回馈。

丈夫辛苦的忙碌，回到家时长年累月听到的是各类抱怨，看到的是越来越邋遢的家，肯定没有好心情可言，于是王雅和丈夫之间的矛盾越来越多。和她年纪、生活相仿的刘丹，每天将自己收拾得干干净净，在小区和其他人晚上一起跳跳广场舞，有时间旅旅游，平时带带孙子，比王雅的状态好太多了。

曾经的美丽女子如今为人妇、为人母，她不再年轻，岁月在她身上留下的印记太深，身材发福、毫无形象可言，本该越活越明白，可是她却自己放弃了自己。

王雅和丈夫虽然没离婚，但比离婚好不到哪里去，无止境的抱怨只会让自己深陷不幸福的泥潭。中年女人更要好好打扮自己，干净整洁、穿着得体也是一种韵味，任何时候经营好自己的人生才是最好的。

中年危机并不如大家所说的那么可怕，时刻保持良好的状态，不因环境迷失自我，中年的到来反而会越发迷人，那时的自己云开见月明，更是生活丰富经验的沉淀。

002

失婚与否，只要你任何时候都保持突破困境的能力，也一样可以精彩无限。

前段时间，声音魅力竞演大秀《声临其境》中梅婷秀了一波配音，她那精湛的表演和专业的素养让观众们为之折服。

曾经，停留在大众心目中的梅婷源于电视剧《不要和陌生人说话》，剧中的她被老公摧残，观众心中的梅婷被冠以“柔弱小女人”的称号，她的人生可谓跌宕起伏。

2001 年，梅婷 26 岁，在朋友的聚会上与一个没钱没地位的广告公司艺术总监鄢颇相识，当下便互生好感。那时梅婷的事业如日中天，在鄢颇的追求下，交往三个月之后两人便闪婚。为了帮助鄢颇，梅婷倾囊相助，投资鄢颇的新戏。为了省钱，她自己当制作人、当演员、借场地，毫无保留地拿出了自己的积蓄，很快鄢颇的导演梦成真，而两人却缘尽。这段婚姻维持了六年，即使和鄢颇离婚，有人爆料鄢颇婚内暧昧之事，梅婷也始终保持着对自己婚姻的尊重。于是，她发文正名，说鄢颇是一个有修养的人。

离婚后的梅婷曾经有一段时间陷入事业停滞期，渐渐淡出公众视野，直到 2012 年再次结婚，有了孩子。复出后的她以参加综艺的形式出现在观众的视野中，她坚持看书、坚持参加公益活动。孩子稍微大一点的时候，她开始减肥，调整饮食习惯，坚持运动健身，体重从 156 斤降到 96 斤。后来，她“不急不慢”地出演各类电视剧，用专业的素养再次获得了大众的认可。

成名之后跌倒谷底、退学退役，梅婷都体验了一遍，短暂的消沉之后，她又以崭新的姿态迎接另外的自己。

江夜雨写过一段文字：也许世界并没有优雅分手这回事。前任，本质就是你吃过的饭、喝过的酒、得过的病、走岔的路。她 / 他代表了我们的品位、价值观，我们曾经心甘情愿地付出，不顾一切地沉沦。即便他糟糕如入侵的病毒，也给了你新的抗体。他构成了今天的你，但又早已离去。他像一块融化了的拼图，融进了我们的生命里。前任有多差，并不能印证我们的成功，相反，那是自己的失败。

中年失婚不可怕，可怕的是失婚之后的颓废且对生活失去信心，那才叫真正的失去。你始终要懂得，曾经无论多么炙热，都俨然成为过去式。不贪恋过去，不停下脚步，学会漂亮转身，才会开启新的人生。

去过自己想要的生活，你的生活里就不再只是想要遇见一个适合自己的伴侣，关注更多的应是自我，自己的内在。

003

《环球时报》中有这样一段话：中国女性的独立意识越来越强，而且都明白，经济独立是一切独立的基础，中国绝大部分的女性都有自己的工作和收入，甚至很多女性野心很大，在很多领域超越男性。

很多女人一旦步入婚姻的殿堂，全身心投入家庭后便放弃自我成长。结婚是为了让女人变得越来越好，无论失婚与否，始终要做到：

保持经济独立的能力。一度大火的电视剧《我的前半生》中马伊琍饰演的罗子君，是一位全职太太，在家相夫教子，过上了“优渥”的生活。后来丈夫出轨，选择与子君离婚，一时间子君慌了神。离婚后，她不得不出去找工作养活自己，却发现自己并没有任何可以拿得出手的技能，经济独立对于自己而言是最大的问题。所幸后来好友帮她分析，渐渐地发现了个人优势，找到了与之匹配的工作，并不断地提升，最终实现了经济独立。

亦舒曾说，一个女子，必须先凭双手争取生活，才有资格追求快乐、幸福、理想。无论如何要有一份职业，因此结识志同道合的同事、朋友、对象，可以有能力结婚生子，也可以独身终老，这叫作选择，亦即自由。

任何时候都要保持经济独立的能力，可以让你抵御突如其来的暴风雨，也可以拥有养活自己的能力，不会太过于被动，陷入两难的境地。

时刻不放弃自我，坚持自我提升。无论何种职业都可以证明自己的价值，只是很多时候我们的思维太过于局限，视野太过于狭窄，总以为负责任就是要过度关注、耗费更多的精力、给予足够的关注。结婚意味着角色的增多、事务的增多，各类事情的叠加会占据一个人的精力，长期的懈怠也会为个人不努力、不提升找更多的借口。保持自我提升不仅仅是个人能力、专业素养，同时也是思维认知的与时俱进、个人审美的提升。

长期的重复、十年如一日的生活，如果一直走的是下坡路，只会为生活带来疲惫感；反而是不断地精进、不断地自我塑造，不仅会让自我成长之路越来越宽，也会时刻保持婚姻的新鲜感。涅槃需要重生，人生更需要提升，现实不会放过任何一个生活得浑浑噩噩的人。

保持独处的能力。独处是一个人最好的增值期，独处也是一个人关注自我内在最重要的时刻。纷繁复杂的社会下，不被外界过分干扰，利用独处的时间做自己想做的事、觉察内心。能保持独处时的静，也是一种能力。很多人在婚姻中迷失自己，日复一日地机械重复，固执己见，想改变却无从下手，迷失在了生活中。保持独处的能力，可以让你在现实生活中稍许卸下疲惫，思考自己究竟想要怎样的人生。一个人如果连自己的内心都不清楚，又怎能生活得幸福。如果上天给了你一副好牌，你要有能力打好它；如果上天给了你一副烂牌，你只要目标明确，依然有翻身的机会。

梁文道曾说，一个女人一定要有自己过好日子的能力，要有别人没法拿走的东西，这很重要。

仔细想想，中年失婚哪里算得上人生危机，只不过是人生的又一次历练、考验和自我觉察的时机，你只要努力迎接，让自己的内心越来越强大，中年危机算个啥。

一个人只有保持独立自主，目标明确而又坚定，任何年纪都可以保持最优雅的身姿，也会为身边的人带来更好的印象。年龄带来的从来都不是恐慌，而是充盈的沉淀与迷人的岁月美。

结婚后，你依然可以拥有孤独

刘嘉玲曾说：“学会给自己时间很重要，一个真正懂得爱的人，其实第一个应该是爱自己，彻底了解自己后，你那个爱才比较健全。当你跟另外一个人相处的时候，你不是依赖，也不是霸占，是做自己。”

现实生活中，很多人婚前和婚后的状态是完全不一样的。婚后角色的快速转变，从两个人的卿卿我我，一个人吃饱全家不饿到柴米油盐酱醋茶、婆媳相处、家庭琐事，如果不能很好地“突围”，找不到自己的重心，那么很多人将可能变成我们最讨厌的样子，成为真正意义上婆婆妈妈的人。

保持独处便是其中重要的课题之一，独处是角色转换的缓解期，也是与自己对话的好时机。

001

小时候，可可的妈妈给她灌输的想法是：长大后，一定要嫁给有省会城市户口的人家。起因是自家亲戚在她面前炫耀自己的女儿嫁给了有省会城市户口的人，母亲气不过，就给可可也灌输这种想法。

大二那年，可可在学校遇到了现在的老公王林，王林是她的同学，那时王林已经开始备战公务员考试，后来如愿以偿考上公务员，同时可可也毕业了。王林向家里人提出要和可可结婚，王林的妈妈一万个不愿意，理由很简单“门不当户不对”。王林是家里的独生子，家庭条件也很不错，用老话形容就是王林出身高干子弟家庭，而可可出生在农村家庭。除了经济条件，两人生活环境造成的认知差异也会产生很大的分歧，对婚姻势必会造成很大影响。

但因为儿子的态度决绝，王林的妈妈只好对王林的行踪不停询问，她会在王林下班的时候准时打电话催王林回家，只要发现儿子和可可谈恋爱的倾向，她总要想办法制止。

后来可可不忍心王林两头为难，便提出了分手。分手之后的王林很消沉，饭也不怎么吃，晚上睡觉经常失眠。后来王林的妈妈看到儿子颓废的状态，忍不住松了口，说：“你去找她吧，我不忍心看到你这个样子，你痛苦我也痛苦。”

复合后的第二十天，也是那年的情人节，两人直接去民政局领了结婚证。婚后可可很快怀孕，她便听从家人的建议辞职在家。起初为了方便照顾，她和婆婆住在一起。在婆婆眼里，可可的行为永远是欠缺的。从怀孕直到生产那段时间，她说自己几乎到了崩溃的边缘，每天最盼望的事情就是老公回家，这样心情还有所缓解。

坐完月子，她说服老公搬了出来，老公有自己的工作，她独自在家带孩子。原本以为自己一个人在家很轻松，但搬出来之后除了做家务、照顾孩子，她不知道自己还能干些什么，她完全没有自己的空间、没有自己的圈子。她会时不时发消息给老公，问老公什么时候回来，回家之后看到老公在打游戏就会火冒三丈地发脾气，训斥老公不懂得体谅自己。刚开始老公还会哄着可可，后来老公直接无视她的行为，认为她是无理取闹，这样的日子有些痛苦，却没有办法终止。

等到孩子可以吃辅食的时候，她发现儿子挑食，于是她开始在网上查找资料，变着花样给儿子做饭吃。她晒出的照片得到了赞扬，很多人开始请教她。看着儿子逐渐不那么挑食，以及外在的认同，她发自内心地开心了许久，也从中发现了自己的特长竟然是研究美食。

孩子三岁，送去了幼儿园，她独处的时间越来越多，开始研究更多的美食、学习营养搭配。为了更好地展现食物的美，她也学习了美学课程。她说："当一个人的关注点放在自己身上之后，你会发现独处的感觉很美妙，这是不被打扰的安静，是内心的充实，更是自我提升的好时机，我突然很享受这样的生活。女人一定要在婚后学会独处，否则你会痛苦不堪。"

女人最美的时候永远是发自内心地爱自己，无论什么时候，我们都应该学会独处。独处是一个人发现内在的最好时机，也是一个人提升自我的关键时期。

002

发掘自我的长处从不因婚后生活的各类借口而设限。

机缘巧合，茜茜接触到了整理师行业，发现自己似乎对这个行业比较感兴趣，于是报名了相关课程去学习。但因为不敢确定自己是否发自内心的喜欢，所以刚开始的第一年并没有盲目辞职，而是选择在周末的时候兼职。茜茜发现与客人的交流会让自己自信满满，自主研发的课程受到学生的欢迎会开心至极，一年过后，她发自内心地认为相较于本职工作，自己更热爱整理师行业，于是和老公商量之后，辞掉了原来众人羡慕的大学老师的工作，转行做了整理师。

茜茜辞职之后并没有想象中的忙碌，除了开发课程、系统授课、上门指导、照顾孩子，剩下的都是独处时间，她会带着女儿一起去咖啡馆、艺术展。很多人以为外出带孩子很累，但经过自我实践证明，父母带孩子累，是因为重心放错了地方。她会培养女儿和她在一起时的习惯，孩子独自玩耍，她看书；也会在孩子去幼儿园的时候，一个人做课件、学习手绘、学习设计，甚至去不同的地方体验不同的设计美。

独处是女人滋养自己的最好时机，大把的独处时间可以清晰地看到自己的内在，学会真正爱自己，因为真正的爱是由内向外的延伸。

随着角色的不断转换，我们的身份越来越多，能“抛开”其他的事情做自己喜欢的事，不是自私，不是“抛夫弃子”的不顾家，而是在嘈杂的环境中为自己争取大量的成长空间。我们要不因年龄增长而落寞，始终保持自我增值，在生活中不断提升自我价值。真正能独处好的人才能做好自己，更能华丽地转变为其他角色。

003

黎戈说：“不管见识高低，一个人深度整理和收纳自己的内心，这事本身就很迷人，一个人的孤独时光有多美，经营过就会为之沉陷。”很多人习惯了琐碎的家庭生活，想要属于自己的时光，却发现独处时光真正来临之后反而不知道该做些什么，给你以下几点建议：

时刻保持自己的兴趣爱好。于敏在《第一个回合》中说“坐经拜道，各有一好”。每个人都有自己的爱好，很多人说自己没有什么爱好，其实不然，要么是自己从来没有用心发现自己的爱好，要么是在时间的流逝当中全然忘记。因为人的本性是懒惰，不妨，尝试着在独处的时候静下心来好好发现自己的爱好。大多数人感叹不能将喜欢的事情作为自己的主业，独处之时去做自己喜欢的事情也是一种幸福。如果你喜欢美食，不妨独处时多做美食犒劳自己；如果你喜欢植物，不妨学习插花、在家养绿植。兴趣爱好带给你内心的满足是很多事情都不可以替代的，也是独处时最好的方式之一……

保持持续学习的习惯。察觉自己的内心，回顾之前的很多经历，我们清楚地知道，很多事情最终不了了之，是因为随口而说的借口，不是我们没时间学习，而是习惯找各类理由推脱。很多婚姻当中的女性从黄金单身转眼进入一地鸡毛的琐碎事务当中“抽不出”时间去提升。此时你更应该清楚，保持持续学习的习惯，不仅会影响自己，也会影响整个家庭。很多宝妈会选择早起或者晚睡的间隙提升自己，你可以选择学习写作，也可以与孩子共同成长，学习孩子相关的各类课程，或者通过学习专业知识提升自己。这个时代最青睐的就是持续学习的人，《终身成长》一书当中有这样一句话：人类在终身学习和大脑发展这一方面比我们自己想象的更有潜力。保持持续成长，是提升的关键。

独立又敢依赖。无论家庭生活当中的你是全职主妇还是职场达人，你都要相信，你可以按照工作的心态去经营任何一件事情。很多全职主妇并不是大家想象中的手忙脚乱，她们非常享受自己独处的空间，能有条不紊地安排好各项事情，每天做好早点、装扮好自己、送孩子上学、外出上课……这时候的她们是独立的。

她们会经营好自己的圈子，会在需要时让家人定期帮着照顾孩子，专心做自己的事情，而不是外出时又魂不守舍地想着孩子，这时的她们是懂得依赖的。学会在自我提升、自我空间的相处中寻求家人的帮忙，而不是碎碎念地数落家人不懂得体谅你。

你一定可以既照顾好家庭，又能经营好自己，你懂得热闹时候的角色定位，也明白独处时的宝贵。一个能照顾好家庭、经营好自己的女人，最美，也最厉害。

独自上路，无限自由

带着对一切未知的向往，走过广袤的原野，走过稠密的城市，在路上发现世界，也发现你自己。都说要“读万卷书，行万里路”，两者兼得固然最好，如果定要取舍，还是要选万里路。一万里路，走过高山和平原，荒漠和田地，日出和日落，走过盛开的花和不知名的小草，多么丰富啊。做个永远行走在路上，永远发现的人，在你眼前展开的世界是多么生动啊。

这段话是柯继铭在《亲爱的丫头》一书当中写给女儿的，他希望女儿的旅行不只是走马观花，而是戴着眼睛、带着心，换个角度观察世界。

旅行最好的不是茶余饭后的谈资、不是经历过后的平淡无奇、不是走马观花的人云亦云，而是在独自旅行过程中用心体验之后，视野不断拓宽、思维不再受局限、人文环境不断融入、不同文化氛围下生活习惯的包容。

如果人生可以有足够的选择，不妨独自上路，体验更多的可能与足够丰富的人生。

001

如果可以，我想在暮春三月，体验川西平原的草长莺飞；在酷暑七月，体验音乐之乡、钢琴之岛的鼓浪屿；在金秋九月，去古朴的丽江，欣赏古建筑的优雅美；在寒冬腊月，体验哈尔滨冰雪的自然美。

独自旅行，没有太多的约束，一个人走走停停，是一种完全的自由与自我释放。

丹丹是我的大学同学，刚开始接触时，我就被她的特立独行吸引。她计划性极强，从不把时间浪费在过多的选择与纠结上，而且有超强的执行力，通俗地讲就是：想做什么便去做了。丹丹的爱好比较广泛：摄影、绘画、旅行……无论何时，她都不会觉得孤独，更不会因为缺少同伴而耽误计划，因为她早已学会独立。

大一下学期，丹丹说自己想学习拍照，没过多久，便用省下来的生活费在网上买到了二手相机，开始了下课后的拍照生活。跟着她，让我发现了身边那些不曾注意过的小确幸，也让我学到了很多拍照的技巧。后来丹丹说看到学校附近有刀画培训班，自己也想学习。我以为她只是说说，因为刀画课程整体安排得很紧凑，学费相对来说也比较贵。

谁知第二天丹丹就报了刀画课程，每周她都会准时骑自行车去上课，从不耽误。毕业时，丹丹送给好友每人一幅刀画。

大学四年，丹丹努力学习赚足奖学金，也有了更多体验的主动权。

同学之间的友谊虽然单纯，也更容易亲密无间，但在出门旅行这件事情上，会因为时间安排、物质条件、个人喜好上产生分歧。刚开始，丹丹会和同学一起计划外出旅行，后来外出分歧点太多，旅行不能完全尽兴，还要时刻设身处地为对方着想，也不够自由，她便开始尝试一个人外出。

她罗列了详细的周边旅行计划，她说怕以后鲜有机会再来到这个城市。大学四年她完成了所有旅行计划清单。她的旅行时间一般会定在每年五一、十一，一个人独自走过冰雪绚烂的哈尔滨、美丽温情的海滨城市大连、巍峨壮观的长白山、自然秀丽的威海……

毕业后，丹丹回到了老家省会城市，一个人生活，她还是会走走停停地旅行。她坚持在每年年初写下梦想清单、设定旅行计划，前行的路上更多的是从容与笃定。很多同学问丹丹：“你不害怕一个人出行吗？”丹丹回复：“有什么好担心的呢，做好计划、订好酒店、做好预算，一个人旅行会有意想不到的收获，自由自在，想去哪里就去哪里。你可以在旅行过程中因为意外发现，随时改变计划，不必束缚自己，而是追随内心的意愿。”

独自行走，你可以完全按照计划执行，也可以按照心情随意改变行程；你不必因为同伴缺少兴致，丢掉早起看日出的机会而心生不悦；也不会因为旅伴想要逛街，让你感到放弃了探索别致小店的失落；你甚至可以选择将所有的计划抛之脑后，只因为想在某个地方多待几天，哪怕只是为了在当地的菜市场、花市、街道体验慢节奏的生活方式，这一切完全由你做主。

002

独自旅行，会让你从现有环境脱离，慢慢安静下来，在另外一个环境中重新认识自己，学会与自己相处。这个过程中，你会开始学着独立、尝试与自己相处、带着不同的角度重新衡量这个世界。生命中，总有一些路需要你一个人走，总有一些时刻需要你一个人面对。

大学时曾和学妹约定十一一起去哈尔滨。相较于学妹，我更加擅长提前规划。陌生的城市，旅行规划为出行提供了更多的目标性，多一份出行保障，减少盲目带来的时间、金钱浪费。学妹也是一位比较好说话的人，她完全赞成我的计划。后来，学妹的父母听说我们要去哈尔滨，坚持要家里的亲戚来接我们，虽然我们百般推辞但依然拒绝不了父母的好意。可这样的情形下，一来我们前往家里拜访，会给对方带来麻烦；二来学妹与亲戚也不熟悉，场面很尴尬，一个人去不合适，带着我更不合适……从那次之后，我的出游就改为独自旅行。

独自旅行，锻炼了自己制订计划时全面思考的能力，同时也锻炼了自己独立自主，以及应对计划临时改变的灵活性。旅行在外，需要一个人面对很多问题，因为援助不会那么快到来，孤立无援的自己总要面对很多问题，也要在第一时间学会解决问题，内心的强大需要慢慢地塑造。

毕淑敏在《蓝色天堂》中写道：旅行是一种学习，它给你用一双婴儿的眼睛去看世界，去看不同的社会，让你变得更宽容，让你理解不同的价值观，让你更好地懂得去爱、去珍惜。旅行让你以另外一种身份开始一种新的生活，进行新的尝试，让你重新发现自己。

一个人旅行，从无到有，从困难重重到轻松应对，是一种历练，是一种考量，更是人生的丰富。放下烦琐的生活，去不同的地方，欣赏不同的景色，倾听自己内心的真实想法，从喧嚣的环境中获得暂时的宁静。

003

旅行不因年龄而受限制，只因心中有愿望。我曾在《人民日报》上看到一则新闻，河南洛阳 80 岁的大爷王青然自己一个人坐高铁跑到郑州去旅行，登上二七纪念塔，实现心中的愿望，下午四点再返回洛阳。

社会的发展日新月异，外出旅行多了一些便捷，但一个人出行时更要注意旅途安全，以下几点可供参考：

一、提前制订计划。刚开始的独自旅行经验可能不是很丰富，在准备过程中难免会存在漏洞，需要提前制订好旅行计划，其中包括：酒店预订、旅游目的地路线、预订门票，提前查询好当地的天气，准备适当的衣物；不因行李过重让旅途劳累不堪，也不因未配备齐全的物品而耽误行程；适度把握，东西不可太多，但要全面。要随机应变，计划虽然已经做足，但旅行过程中难免会有意外状况的发生，诸如天气变化，可以灵活更改行程。调整好心态，提前做的功课，在实际旅行过程中可能会与心理预设不符，千万不要抱怨过多，心态会影响一个人的情绪。既然已经出来了，不妨调整好心态，带着不一样的眼光观看不一样的风景，也许会有意想不到的收获。

二、与家人、朋友保持联系。旅行时为了让家人放心，同时确保自己的人身财产安全，旅行之前，要将自己的旅行计划分享给家人或者朋友，和家人约定在一定的时间范围报平安，确保自己出行安全；在外出过程中不要过多向陌生人透漏自己的信息，凡事留有余地。

三、选择正规渠道。任何时候请记住一句话“天下没有免费的午餐”。在购买景点门票时，不要贪图便宜，一定要从正规渠道购买，否则既耽误了时间又浪费了金钱。选择住酒店一定要选择靠谱、安全的，在选择地段时最好不要选择太过于偏僻的路段；一个人居住时，注意进入房间之前是否有人尾随，关好门窗、挂好安全栓；检查房间内部环境，关于这点，网上有很多攻略。

总之，旅行之前要考虑自己能考虑到的，发现自己未发现到的。一个人背包旅行，内心强大更是关键，也可以在旅行过程中进行复盘，将自己的意外收获记录下来，将自己不一样的体验加以汇总，那便是额外的馈赠。

吴淡如说，只有一个人在旅行时，才听得到自己的声音。它会告诉你，这世界比想象中宽阔。你的人生不会没有出口，你会发现自己有一双翅膀，不必经过任何人同意就能飞翔。

无论何时，只要你想旅行，随时都可以。独自上路，无限自由，更会有无限收获。不要为自己前行的路上设定太多的绊脚石，你的人生不需要设限太多，去吧，倾听内心真实的声音，看花、看海、看风景，在不同的地方享受一个人的静谧时光。

生活里有植物，人心自然温暖

生活在钢筋水泥的城市丛林中，我们无力改变社会大环境、甚至无法选择居住的地方，但我们拥有创造生活环境的能力。无论走到哪里，我们都可以营造一片属于自己的天地，花鸟鱼虫，好不惬意，有时甚至只是在家里摆些植物，都会是不一样的风景，人的心情也会随之变好。

001

有植物的地方往往更有温度，有植物的地方也会充满温馨，更加富有诗意。

我喜欢绿植，更喜欢亲手种植，看着它们一点点长大，欣喜它们的变化，惊讶于它们旺盛的生命力。家里的阳台上布满了不同种类的植物：夜市上 15 块钱一盆的龟背竹，没有暖气的冬天竟然熬过去并且长了三片新叶；上一位房客留下来奄奄一息的吊兰，经历了换土、修剪后，重新变得生机勃勃；家里掰来的仙人掌不急不慢地生长，后来才发现原来它的周围已经生出了很多新芽；栀子花开，白色的小花优雅绽放，从从容容，淡淡的花香从不喧宾夺主，空气中弥漫着自然的香气……

闺密特别喜欢我家，她说只要进入我家会让人莫名地放松下来。其实我家布置得很简洁，房子装修也一般，更没什么特别的装饰，可就是有一股神奇的力量。后来闺密看到阳台上的小花园，她才明白，原来是欣欣向荣的植物带来的魔力。

大多数植物其实不需要过多关照与刻意维护，不定时浇水，以自己的喜好排列分布，随意变换，全凭自己的审美。按照自己的心情去布置，看到含苞待放的花朵会让自己开心许久，这是对自己辛勤劳作的肯定，更是让家生机盎然的一种好方法。

其实，家不需要太大，清新飘逸的窗帘，干净整洁的客厅，席地而坐的自己斜靠着沙发，随手翻着最近看的书，阳台上旺盛的植物错落有致，宛若一个精致的小花园。

时常带着满意与期待，和花“说说话”“聊聊天”；带着感恩，为它们修枝剪叶，看着芬芳争艳的月季、自带静谧禅味的龟背竹、一派生机的杜鹃和水仙、香气满溢的栀子花……心情会不知不觉好很多。

表姐也特别爱花，她说文艺女青年的生活应该是这样的：6月的夏天，家里一定要有盆栀子花，是因为，不管多晚、多疲惫地回家，窗台前亮着一盏小台灯，进门来飘过淡淡的栀子花香，就觉得好放松啊。

植物，只要有地方，便可生根发芽，一撮土、一块砖缝、一片花园随意发挥，形态各异、不受约束。家庭种植，简单而用心的照料便可以在有限的空间里给你无限的回报，清新的空气中散发着淡淡的花香，让自己的心情放松，诗意的生活状态会带来内心的宁静。

002

生活远远没有我们想象的那么难。当你心情不够愉快时，不妨侍弄植物，为它们松松土、浇浇水、清理干枯的枝叶，或者改变一下植物的布局，它们总会以独特的方式慰藉你。

插画师、生活艺术家塔莎·杜朵30岁那年移居到新罕布什尔州的乡间，56 岁时在福蒙特深山里建造了一座 18 世纪风格的农庄。她独自居住在昏暗的房子里，四季繁花、植物满院、动物围绕。她热爱植物，因为大自然不同形态的美总能带给自己足够的安静和力量。

她说：“当我在谷仓或者房屋工作的时候，常常想起自己这一生所犯下的错误。但很快把那些抛之脑后，想起我的睡莲来，它们总是可以抹除不愉快的情绪，小鹅也以自己的方式慰藉我的心灵。”

塔莎的世界里，植物对她有着不可替代的重要性，带给她的是发自内心的对生活的满足。她用赚来的钱买种子、经营自己的农庄，除了画画、做家务外，更多的时间用来打理庄园。《塔莎的世界》一书当中这样形容她的花园：五月中旬，粉色和白色的沙果花在一片黄色和淡柠檬色水仙中盛开；六月早期，深紫色、蔚蓝色和奶白色飞燕草花穗傲然挺立，开满四季繁花不断的土地。

植物的陪伴让我们不再孤单，就像《这个杀手不太冷》中的里昂逃命都会带着他的竹芋；植物的陪伴可以带给一个人无限的温暖，这种温暖不是随时随地的陪伴，而是刻在心底深深的暖意和温情。

手到之处便是幸福，种下一棵植物，还你一方心灵的净土。

如今，太多人挤破头都想留在钢筋水泥城市中，与此同时，我们抱怨城市环境差、空气污染严重，绿植覆盖率太低。可抱怨的同时，我们也忘记了一件事情：当一个人无法选择居住的城市时，我们为何不学会经营自己的生活，营造良好的环境，比如习惯性地保持整洁、种植自己喜欢的植物。

或许你从未真心感受过植物本身的美，从未体验过植物带来的好处，更未体验过与植物相处时的富足，但你要相信，世间万物皆有灵性，花草树木亦如是。

003

心情好，环境好，氛围棒，才能工作好。 除了人为因素，环境好最大的贡献之一就是植物。

施婕三年前从体制内离职，离开了工作近十年的岗位，在北京创办了自己的公司。无论是着装打扮还是整体气场，施婕都自带文艺气息，她希望自己做个温和的人。一开始的创业并没有想象中的那么艰难，她始终以不急不躁的心态去做事。在她的观念里，很多事情是急不来的，营销是建立在良好的口碑之上的，静下心来做好手头之事，扎稳根基才是关键。

在客户关系维护方面，她更坚信产品质量、口碑传播、服务三者完美的结合。她用心做好每一单，与同事深入一线了解产品状况，从不居高临下，更不会抱怨环境差，倒是很享受环境的清新、质朴，享受大自然原有的风光。他们一起拍片子、挑产品、策划文案、线上推广、现场售卖，坚持售后调研与结果复盘……她的每一步都很踏实。

她关心公司经营，更关心员工成长。她的公司可以用三个“一”来形容，一屋子的花，一屋子的书，一屋子的年轻人。热爱工作，更要热爱生活，除了公司，她家里的阳台上也种植了很多植物。她说这样的环境更有生活气息，更有创造力，也更会为温馨的环境贡献一份独特的魅力。她的团队正如那些植物，年轻、朝气蓬勃、充满活力。

除了施婕以外，我身边特别多的人也很喜欢植物，他们常常会在朋友圈分享植物的魔力：

有人说，将干花移到了餐桌上，感觉餐厅一下被点亮，变换布置竟然有意想不到的结果。

有人说，每天给自己创造快乐，抬头沉浸在花的海洋里，便很幸福。花的海洋，“海洋”不过只是她亲手搭配的一束束水培绿萝。

有人说，认真做好每一天的小事，让春有新芽，夏有繁花，秋有果实，冬有暖阳。有一点儿甜蜜，便生出许多甜蜜；有一点儿快乐，便生出许多快乐。

这些女子有一个共同的特点——热爱植物，人心温暖，这种温暖散发在谈吐中，举手投足之间，以及对生活的态度上。

家中的那一隅便是静谧之处，泡一壶茶，捧一本书，即便只是片刻带来的宁静也是极好的。

享受花香，细听鸟语，享受植物的静谧，收获不同的喜悦与乐趣，不贪恋过去也不留恋回忆，享受当下，内心富足便是如此。

都市喧嚣中，我自修篱种菊

我们享受喧闹与繁华，又想要回归宁静。浮躁的尘世中，我们加速前行，急功近利地想要快速获得成功。前行久了，我们才发现一个人最好的特质是无论任何时候都可以保持内心的宁静。这份宁静是处世的沉稳、淡然、大气以及宠辱不惊，无论在怎样的环境下，都始终保持不急不躁，笃定前行。

空中，落叶飘零；眼前，秋风凝霜。一位秀才问禅师："此情此景，人生当作何感悟？"禅师淡淡说道："不雨花犹落，无风絮自飞。"诚然，花开花落有自然规律，不受他人左右，人这一生有太多的事情无能为力，无法掌握的又何止于此，常怀一颗平常心处世，已经足够。

001

飞速发展的时代带来了高效、便捷，也带来了喧嚣，人人焦虑、人心浮躁似乎成了通病。我们曾经向往的如今唾手可及，物质生活丰富多彩、精神世界却越来越匮乏，幸福似乎离我们渐行渐远。浮躁社会下，守住内心的宁静，也就是守住了幸福，守住了人生的从容，守住了丰富的阅历。杨绛先生不是有这么一句话：人生最曼妙的风景，是内心的淡定与从容。

无论走多远，你依然可以停下脚步回顾初心，哪怕是片刻的停留得来内心的些许宁静也是值得的，因为内心的宁静远比一切来得更有力量。

保持初心，身体力行，保持宁静不被打扰。林徽因，在长达九年颠沛的抗战生活中，无论外界生活多么艰难、无论周围的人心多么动荡，她总要去旧货店淘回老家具和旧书；将捡回来废弃的木板铺在地上，作为朴素小书架、木凳的装饰；夜晚写诗时，点一炷清香，穿一袭白绸睡袍，不为外界所干扰。林徽因对生活固有的态度为外人所赞叹，于是便有了《林徽因传》当中的那句话：真正的平静，不是避开车马喧嚣，而是在心中修篱种菊。

普希金曾说过：“世界上所有的幸福都是以内心的宁静作为

最基本的特征。”无论环境如何变幻，做一个随时可以修篱种菊的人吧。

002

诸葛亮在《诫子书》中说：“君子之行，静以修身，俭以养德，非淡泊无以明志，非宁静无以致远。”

张琴创业的念头萌生在心中已经好几年了，最近她频繁抱怨上司的管理方式有问题、工作分配不合理，造成自己工作的不顺心。随着抱怨的增多，张琴也越来越抗拒朝九晚六的上班生活。张琴看着很多创业小有成就的人，她的内心除了羡慕，更多的是焦急，而所有以“等待时机成熟”为理由的想法，到了最后都会化为乌有。

我说：“如果你想好了，家人也支持，你有资金、有支持、有想法，完全可以尝试去做，否则梦想是不会实现的。”

谁知，张琴又开始说：“孩子上小学需要辅导功课，我现在要开始侧重于家庭，侧重于孩子的教育，我现在完全静不下心来好好规划，唉，真的是年龄越大，想的越多，做的越少。”

可实际上张琴下班后的生活是：能外出聚会就坚决不回家带孩子，能约到一起逛街的同事就一定会准时赴约，隔三岔五的聚会是她惯有的生活。每次张琴看到有人在学习、阅读、写作，她都会以羡慕的口吻讲："你们年轻人真好，可以有大量的时间做自己想做的事情，哪里像我，回家不是孩子，就是家务，心情烦躁，静心读书都是一件奢侈的事情。参加的聚会越多，见到成功的人越多就越着急，越烦躁。"

我欲言又止，有些事情是需要自己悟的。张琴长期有自己的想法，一味停留在焦虑、浮躁，只敢想不敢做的状态，却从不尝试着静下心来好好规划；说自己没有时间，其实更多的时间用在了外面，内心的驱动力完全不足。

余秋雨说，在这喧闹的凡尘，我们都需要有适合自己的地方，用来安放灵魂。也许是一座安静宅院，也许是一本无字经书，也许是一条迷津小路。只要是自己心之所往都是驿站，为了将来启程不再那么迷惘。

在浮躁的尘世当中默默前行，安静，能使人思维缜密；高瞻远瞩，是一种自信的柔美，一种淡定从容，一种如细雨般的润物细无声；安静，可以倾听到自己内心最真实的声音，去做你想做的事情。

003

罗素说，所谓幸福生活，一定是指安静的生活，缘由只在安静的气氛中才能够产生乐趣。如何在喧嚣的氛围当中保持内心的平静，修得属于自己的篱笆。

以合理的方式放松身心。抬头看看，身边越来越多的人陷入网络的世界里不能自拔，随处可见的是，大多数的人保持随时看手机的状态，我们甚至“没有时间”欣赏路边的风景。网络的世界不可沉溺，很多人“放松”的方式我并不太提倡，如长期打麻将、长期上网，以为放松就是不工作，其实不然。长期在这样一种环境下，对个人的身心发展十分不利。真正的放松，是可以让你静下心来的事情，让你发自内心的快乐，你可以尝试用跑步、散步、旅行等喜欢的方式来放松。

培养自己的兴趣爱好。兴趣是一个人最好的老师。如今资源获取的速度越来越快，也越来越便捷，尝试培养自己的兴趣爱好，从中获得的不仅仅是快乐、精神上的慰藉，有时也会是一种财富。工作上即便不能将兴趣作为主业，生活中能保持自己的兴趣爱好也是一件很美好的事情。我的朋友是一位设计师，她的爱好是画画，如今作为自由职业者除了接设计单以外，她还充分发挥画画技能，开绘画课程、制作卡通版人物肖像，获得足够的报酬与快乐。

强大内心、丰富阅历。随着人生阅历的增加，我们内心一定会越来越强大。丰富阅历可以是外出旅行的累积，“旅行最大的好处不是见到多少人，见过多美的风景，而是走着走着，在一个际遇下，突然重新认识了自己”；可以是成长经验的累积，人的一生当中总会遇到各种各样的事情，总之那些能让你收获的事情都可以丰富人生经验；可以是阅读书籍，阅读是成本最低的拓宽个人视野的方式，不同的作者根据自己的人生经验写出不同的故事，我们可以通过阅读拓宽视野，增加阅历。

许多人做了岁月的奴隶，忘记自己当初想要追求的是什么。无论何时，请保持一颗平静的内心，以淡定、从容的态度处世。

另眼看世界中的不婚族、无孩族

很多人都渴望温馨的婚后家庭生活，有伴侣、有孩子，但实际上不婚族、无孩族的队伍是如此浩浩荡荡。越来越多的人对于婚姻的态度更加明晰，他们不再一味为了结婚而结婚，并表示单身或者持续谈恋爱也挺好；即使结了婚，他们也不愿意为了传宗接代而选择生孩子。结婚之后没有孩子生活的二人世界不被打扰，自由自在也挺好，为什么总是要为难自己呢。

调查显示，目前我国单身人口数量约 2 亿，其中 20 岁至 39 岁的独居青年超过 2000 万。第六次人口普查数据显示，30 岁及以上女性有 2.47% 未婚，而在此之前普查时的数据仅为 0.92%。选择不婚的人越来越多。

001

为什么会有越来越多的人选择加入不婚族和无孩族的队伍当中，原因大致如下：

第一，社会现状。离婚率越来越高，原生家庭对不婚族、无孩族在某种程度上有着很深的影响。婚姻对于很多人而言，已经不再是从前的父母之命、媒妁之言，他们不愿意违背自己的意愿跟不爱的人步入婚姻的殿堂。况且结婚不是唯一能让自己幸福的方式，社会现状影响着一部分人的选择，比如身边屡见不鲜的离婚案例、婚后生活的糟糕，诸如此类数不胜数。最高人民法院公布了一组关于离婚纠纷的司法大数据，大数据显示，2017 年全国法院审结离婚纠纷案件 140 余万件：其中 73.4％的案件，原告的性别为女性，年龄相差 0 岁至 3 岁的夫妻最多；77.51％的夫妻，因感情不和向法院申请离婚，婚后 2 ～ 7 年为婚姻破裂的高发期。大数据显示，婚姻已从“七年之痒”，变成了如今的“三年之痒”，离婚率也越来越高。

孩子不是婚姻的必然产物，很多人在结婚之后也会选择不要孩子，有一部分的原因来自经济压力，也有一部分是夫妻两人更享受彼此在一起的独处空间。

很多人在传宗接代这件事情上，会认为无孩族是不负责任的表现。其实不然，因为在孩子这件事情上没有所谓的对错之分，遵从自己的内心即可。

第二，自由，不将就。越来越多的年轻人不愿意受太多的约束和限制，很多不婚族认为干吗要结婚，自己能养活自己就行，婚后还要考虑另外一个人。无孩族的人会认为两个人生活挺好的，孩子不是维系感情的筹码，因此并不需要。

知乎上，关于不婚族有一个很好的解释：

当不婚成本高于婚姻成本时，结婚。

当婚姻收益大于不婚收益时，结婚。

当婚姻成本高于不婚成本时，单身。

当不婚收益高于婚姻收益时，单身（以上成本和收益包括但不限于钱）。

总结起来就是，现在很多人之所以选择单身，要么是因为结婚成本过高，要么是因为结婚收益过少。

第三，经济独立，精神独立。关于不婚和无孩，还有一方面原因是，很多人现在已经可以实现经济独立，也可以精神独立，清楚地明白自己想要什么。人生不再局限于结婚生子，有网友说自己“单身第七年，至今仍然找不到结婚的理由。精神和物质都独立，不怎么喜欢小孩，父母也不催婚。每周 2 次健身，1 次钢琴课，下了班看看话剧、音乐剧、相声演出。烦了约朋友逛街，想买什么买什么，没谁心疼也没谁唠叨。每年出国旅行一次，带父母国内玩一次”，享受自己的状态，莫过于此。

不结婚、不生孩子又怎样，人一生的生活方式有很多种，无论选择哪条路，只要活出自己就好，对自己负责的方式莫过于此。进入婚姻的人，有了孩子的人也不一定过得幸福，所以选择自己想要的生活方式便可，这世间最怕的就是没有主见的盲目听从。

002

除了结婚、生孩子，还有第三种方式可以选择，就是保持恋爱，一些明星也会选择这种方式。

徐静蕾便是其中一位，她是导演、书法家、裁缝，对待婚姻奉行不婚主义，与黄立行相恋多年依然保持不结婚的状态。她曾经跑到美国冷冻卵子，也许未来会选择做母亲，但现在选择成为无孩族。眼看着圈内女神一个个步入婚姻殿堂，徐静蕾不为所动，依然铁了心不结婚。面对媒体的质疑，她曾经这样回复：“别人结婚，我祝福人家，我有我的生活方式，我只按自己的方式去生活。别人结婚、离婚，只要他们高兴，我都支持。”

在与男友的关系中，她始终坚持："最好的爱情是两人在一起不会累。适合自己的，才是最美好的。"她从不强迫对方去改变什么，不强调任何东西，活得随性而洒脱，轻松又自在，想干什么便去干，不想做的坚决不强求。

她不纠结、不逃避，为自己的选择负责，始终清醒地知道想要什么；她不会为了父母违背初心，也不会为了圈中的消息哗众取宠，因为她足够淡雅、足够智慧。

阅尽沧桑，依然纯真；千帆过境，不忘初心；雁渡寒潭，潭不留影；风吹疏竹，竹不留声。

我的闺密单惠说自己早已加入不婚族、无孩族队伍当中。她曾经也因为看到身边最好的朋友结婚，有过冲动的念头，但当恋爱中的男友提出要结婚的想法时，她更加深刻地体会到自己并不想真正进入婚姻的殿堂，不是和谁的问题，更多的还是源于内心最真实的想法。她觉得一个人生活蛮好，自由自在、无拘无束，赚的钱也足够花。无论做出何种选择，最重要的是清楚自己的内心，也要拥有一颗强大的内心。

不婚族、无孩族只是生活方式的一种，存在即为合理的，不戴有色眼镜去看待，活出更好的自己才是不辜负自己、不辜负他人。如果你连自己都经营不好，又何谈在婚姻、家庭当中做好自己，能经营好自己的人即使加入不婚族、无孩族也会精彩无比。

003

丹麦作家艾萨科·单森这样讲：“女人啊，当她们完全长大，已经把做女人这件事情搞明白，能够释放自己力量的时候，她们一定是这个世界上最强大的生物。”

不婚和结婚都未必是通往幸福世界的敲门砖，从未尝试的人，对婚姻的幻想是从他人的对话里，无数的媒体中，以及身边人的影响下，形成的普遍真理，如果不曾进入，又如何检验其真假。

任何人都不能让你变得完整，结不结婚、要不要小孩都是自己做主的事情，不因外在的观点影响，万万不要掉进别人为你设置的年龄限制、结婚生子的陷阱当中。

婚姻不是解决生活问题的灵丹妙药，更不是自我救赎的方法。任何时候都可以结婚，结婚生子只是其中关系的一种，每个人都可以按照自己的意愿去生活。

安全感是自己给自己的，真正持久的安全感只能来源于自己的内心。独立自主是亲密无间的前提，不要总是将希望寄托于条件好的伴侣出现，因为你自己本身是最好的自己，结婚、生子都不一定让你完整，让自己完整的只能是自己。

你可以选择做不婚族，保持单身的潇洒生活；可以选择不要孩子，两人携手相伴；也可以选择恋爱的方式生活，总之按照自己的意愿过一生。

我们不能将不婚族、无孩族看作个人主义盛行的表现，结婚与单身、是否生育都是可选择的。选择不婚、无孩的，那就在生活中潇洒前行；还未遇见更合适的，不妨继续等等；经营好现有的生活，也不错。

不要将所有的目光放在他人身上，更不要担心别人对你的选择如何评价，对自己负责的前提就是关注内在，而不是过分在意外面他人的目光，因为这一切根本没那么重要，你自己才是关键。

选择做不婚族、无孩族没有关系，只要你想清楚，过丰富的人生、体验不同的风景，便是最好。

第四章

最舒服的生活一定是简单的

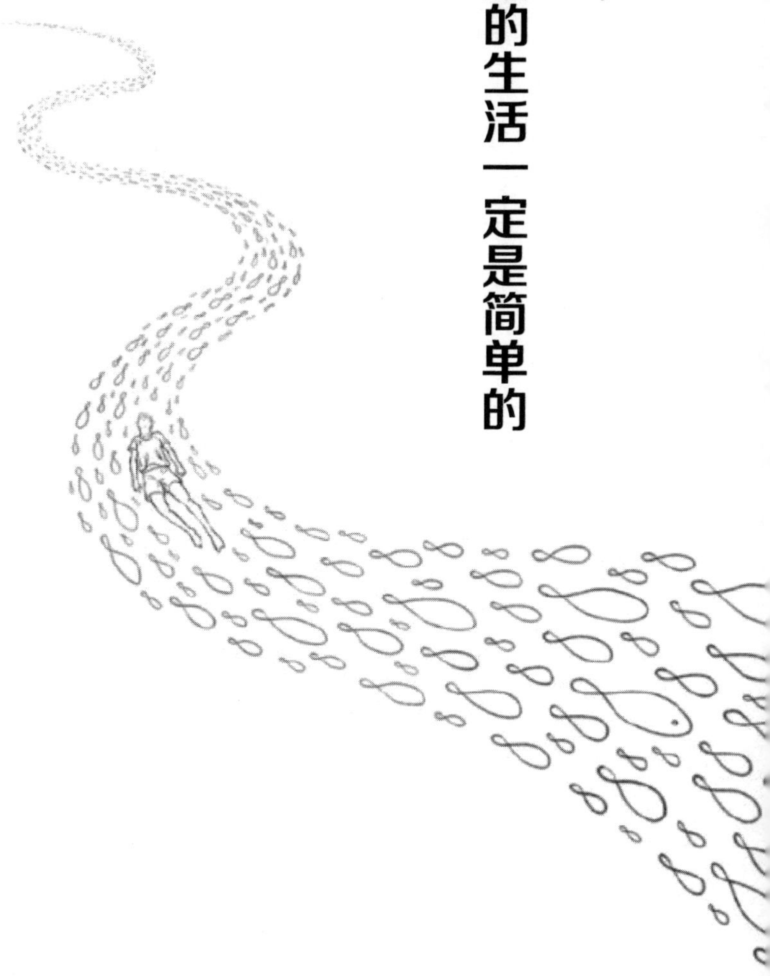

衣服不用太多，能适合场合需要就好

好好生活是一种态度，在社会发展迅速的今天，高品质生活逐渐成为大多数人追求的目标。但是，很多人选错了方向，以为高品质的生活就是买买买，就是物质充实，于是在疯狂购物的路上一去不返。疯狂购物带来的充实感只能满足内心于一时，等到真正需要时才发现过多的衣物反而成为一种负担。

其实，物品和人的关系一样，太多反而容易造成困扰，衣服只需简简单单，适合自己就好。

001

着装要符合个人的形象定位。如果将时尚定义为色彩斑斓，花了很多钱买了一大堆不适合自己的衣服，结果必然适得其反，倒不如找几件适合自己的、常穿的质感服饰来得更有品味。

小烨是我的同事，每个月发工资后的第一件事情就是还信用卡，甚至有的时候都不够还。细细盘点自己的对账单，服装费用几乎花掉了工资的一大半。小烨非常讲究服装的品牌，认为品牌代表高级、质感，穿上品牌服装整个人就会形象好、气质佳。可是小烨忽略了：任何品牌都有自己定位的消费群体及其风格，选择品牌也要符合个人气场、自身形象才最合适。

工作中的小烨几乎没有固定的着装风格，有时身着简洁修身礼服裙、有时身着牛仔连衣裙，或者超高跟鞋配豹纹小脚裤的性感路线……总之喜欢什么穿什么，她从来不会考虑场合对于服装的要求。

小烨疯狂追求各类品牌，她会在上班时间偷偷浏览服装网店，会在午休之后偷偷溜到附近的商场，心思几乎都用在了购买服装上。

其实小烨长得蛮好看，精致的五官、姣好的身材却偏偏“毁在了”没有自己的着装风格上，要么是颜色不适合她，要么是不符合个人形象，再或者搭配有问题。小烨说自己在买衣服这件事情上，从来都不嫌多。这些年，小烨身边的朋友不断利用业余时间提升自己，只有小烨还在原地踏步，她固执地认为自己只是时运不济。

根深蒂固的理念影响着小烨的行为，《你的形象价值百万》中有这样一句话：只有展示出一个与期待的职位相符的形象，展现出一个可信、有潜力、值得信任的形象，你才会有更大的发展空间，上司和同事才能相信你适合更高的位置。

东西越来越多，空间越来越少，心也更容易烦躁，满柜子的衣服找不到适合穿的，琳琅满目的商品中永远挑不到称心如意的。其实不是挑不到，而是习以为常的购买遮掩住了内心的实际需要，我们不妨静下心来好好清理掉那些根本不穿、过时的衣服。

衣服和想法一样都需要因地制宜，合适的服装展示你的气场，丰富的内涵也需要外在恰当的体现。当你开始展现出符合自己的气场、足够的专业与素养时，你的好运也会随之而至。

002

质感好的服装虽然可以帮你带来气场，但依然需要量力而行、适可而止，衣服太多不仅占用空间，还会增加选择困难。

帮 Linda 搬了一次家，我才发现原来她的东西那么多，有些物品明明已经不用了，但她却以“这件东西可是很贵的”为由，舍不得扔掉。

Linda 大学毕业之后进入一家公司工作，因为工作足够努力，六年时间实现三级跳，随着职位的晋升，她的薪水也翻了好几番。Linda 一直秉承这样的原则：宁愿买一件贵的衣服多穿几次，也不愿意买几件比较便宜的衣服天天换装穿，因为品牌衣服很多时候质感会好一些。她的理念听起来似乎很正确，但 Linda 的行为却毫无节制。

有时 Linda 会因为买了一件自己喜欢而又不贵的服装，开心地和我们分享，“这件衣服很舒适，才几百块钱，还是很划算的”。可几次下来，我们发现这样的衣服最终会被 Linda 束之高阁，一是她内心始终固有品牌观念，二是她的衣服实在太多了。这么多年 Linda 的积蓄几乎为零。她一直住在公司的宿舍里，衣服叠放得到处都是，却很少主动清理自己的物品。

工作中，她雷厉风行；生活中，她不够精致和整洁，始终不懂得自己的真正需要。

后来再见 Linda 时，她俨然变了一副模样。工作以外的时间，她用来自我提升，学习了很多课程，请了私教……购买物品时不再随心所欲，如今的她越来越简单，生活得也越来越洒脱。

作家苏岑曾经讲过这样一段话，拥有的东西越少，你生活得越高级。我们的生活似乎陷入了一种困境，衣服无数，真正穿的就那么几件；生活里联系的人很多，算得上朋友的很少；热衷于积攒暧昧，但哪个都称不上真爱。你的能量正在被冗杂的时光消耗，关于生活，则是越简单越自由。

你一定要清楚地了解自己，了解自己的气质定位，就像《优雅》一书提到的：最优雅的女人是有自己个人风格的女人，她们多年精心打扮，十分了解什么最适合自己，并且坚守不懈。

003

在信息爆炸的时代，五花八门的信息扑面而来，我们太需要具备良好的选择能力了。作家杨熹文说："太丰富的物质生活，剥夺了内心的平静。"

过多的物品会带给我们低效率的工作质量、不舒适的生活空间。看似生活水平不断提高，但堆积的物品无形中为我们的生活增加了太多负担，比如：上班前还在纠结今天穿什么；那些不舍得扔掉或者根本用不着的物品充斥着家庭的各个角落；我们享受购物时的欣喜，回到家打开衣柜发现好多衣服还未被认真穿过……

我们从未考虑过如何在有限的空间中为物品找到最合理的归宿。

物质的丰富有时会成为我们高质量生活的障碍，内心的空虚无法用消费来填满，买买买的喜悦也只是暂时的。衣服真的不需要那么多，有几件适合的就足够。关于此，有以下几点建议和你分享：

寻找自己的风格定位。奥黛丽·赫本曾经说过："是纪梵希创造了我。"不可否认的是，纪梵希的确是位天才设计师，但是奥黛丽·赫本对自身风格的了解也同样关键，她创立的赫本风小黑裙经久不衰。寻找自己的风格定位，方法有很多，可以请专业老师，也可以自己学习与尝试。在此之前一定要了解自己的喜好、经常所处的场合，以及自身心理的预期，将服装从线上购买转移到线下，多尝试，实在不知道怎么选择可以请店员帮忙推荐，大胆的尝试可以让你发现很多意想不到的效果。有的时候，人的思维定式真的会影响自己的选择，过于执拗、一成不变的穿衣风格可能会遮盖自身的美。

清理你的衣柜。日本整理大师山下英子认为：留在身边的东西一定要最少量、最适合、最好的。要放弃不舍之心，剔除身边不再合适的东西。一旦形成自动机制，你就会自觉开始清理自己和内心的杂物，进而澄清自己的人生，体会前所未有的轻盈。整理衣柜时可以把衣服统一拿出来放到一起，一一筛选，将那些根本不适合自己的衣服或者根本不穿的，送给更加需要的人或者通过二手平台卖出；拿捏不定的衣服不妨上身试试，看看这件衣服是否让自己心动，整理后的衣柜会让你在选择时更加高效。

理性购买。很多人喜欢在换季促销时买回自认为“以后可以穿得上”的服装，可事实上那些买回来的衣物到了应季时却不见得穿得上，有时候是因为个人喜好、流行趋势、身材发生了变化，或是因为真正穿出去时却发现很难搭配……各类问题随之显现。购买衣服时，切莫完全贪图价格，而要注重衣服的款式、质感，是否百搭以及是否真正需要，将那些原来的质感衣服换着搭配，看看不同的效果，打开思维，多尝试，现有的衣服是足以满足场合需要的。

当你找到适合自己的衣物精神抖擞地出门时，你会发现整个人都是轻松的，人人都可以通过装扮获得外在的美，而自信与充实才是发自内心的美。

只有物尽其用，我们才不会被物品所累。穿上一件得体的衣服，只是为我们的人生加了一分，切不可让美好时光被过多的物质欲望占据。在最美的时光里，用心提升自己的内在才是王道。

那些生活洒脱而又自信的人，太清楚自己的需求，向内察觉、向外体验，人生可以更加舒适、从容。

鞋子是负载双脚的工具，舒适最重要

001

那些看着漂亮的鞋子,不一定是舒适的,更不一定是适合自己的。

大数据时代刺激消费之下，很多人开始了超前消费，“花呗”借钱，“还呗”还钱，花钱时毫无节制，还钱时却焦头烂额。

康妮在一家公司做文员，朝九晚五，工作上稍有差错就会被上司劈头盖脸地骂一顿，上班时战战兢兢，下班时放飞自我，原来的跑步变成逛街。众多物品当中，康妮尤其喜欢买鞋。她在消费面前克制不住自己的欲望，租来的 20 平方米的小房子里堆满了她的东西，每个月发来的工资所剩无几，有时甚至还要用信用卡满足自己的消费欲。

经历过太多次“吃土”的生活和漂亮且不舒适的鞋子带来的伤痛，她才明白拥有一双舒适的鞋子远比其他重要得多，自己满足的只是消费欲，舍本逐末的下场就是还不上的信用卡和疼痛难忍的双脚。后来康妮清理出了好多漂亮而不实用的物品，在二手平台上将它们卖掉了。

我曾经也会为一双好看的鞋败家，省吃俭用地花了大半个月的工资买双特别漂亮的高跟鞋，只为满足一时的喜欢。它让镜子里的自己身材高挑，可出门没走多久，脚后跟就已经被磨破了皮，脚趾不舒服地挤在鞋子里，每走几步就会钻心地疼，后来也没了力气继续走路。鞋柜里被冷落的美鞋已经放置了好几双，看着脚上磨出的茧子，我才彻底明白鞋子舒适的重要性，一双不舒服的鞋再怎么好看也显示不出你的气质。

选购鞋子时，将舒适放在第一位，切不可舍本逐末。电视剧《转角遇到爱》中有一句经典的台词：一双好鞋会让你对它产生感情，你会每天都想穿上它，就算穿破了也舍不得丢掉；一双好鞋最重要的不在于它的价钱，而是穿起来舒不舒服，就算它是一双便宜的鞋子，可是喜欢就是喜欢啊。

很多人购买鞋子时仅仅是因为鞋子好看，因此冲动购买时一定要明白，鞋子是拿来穿的，不是拿来看的，穿得舒适才是最重要的。不舒适的鞋子再怎么精致，再怎么时尚也衬托不出挺拔的身姿与优雅的仪态。只有舒适的鞋子才可以为优雅的身姿锦上添花，否则，只会适得其反。

舒适的鞋子才能养脚，不舒服的鞋子如同镣铐，脚被磨出了水泡，磨出了鲜血，若还要苦苦忍受煎熬，也就没有了美可言。既然不舒服，我们不妨赤脚赶路，选一双合脚的鞋子，才能走向更远的前方。

002

可可·香奈儿女士曾经说过：“鞋子是优雅最重要的一部分，一双好鞋可以衬出女士优雅的气质。”很多人误把好鞋定义为大品牌、漂亮的外观、潮流的风向标，哪怕“吃土”也要盲目追求，只为一时的心满意足。

面试第一份工作时，我就被刘总的气质吸引，她站在那里自然成为一束光，一米六八的身高、皮肤白皙、干练迷人，我心里暗暗发誓“自己也要成为刘总这样有气质的人”。

有一天，刘总邀请我去她家小聚，我看书，她整理衣服。她拿出自己的一双高跟鞋准备扔掉，我感叹“好可惜”，鱼嘴、羊皮拼接的水晶高跟鞋（大约 7 厘米），看到这双鞋的第一眼我满心喜欢。

刘总说：“一开始我也觉得好可惜，毕竟这是我花大价钱买的高跟鞋，鞋店橱窗里看到它的第一眼，我就被深深吸引，入店、试穿，短短五分钟我就为它刷了卡，欢天喜地地带它回家，后来想想当时的自己实在太疯狂。”

她将这双鞋定位为商务谈判时的利器，日常生活则以舒适的平跟鞋为主。后来这双鞋被带到了办公室，一百平方米的地方走起路来都有些费劲，更何况外出谈判时还可能会遇到不好的路况，经过一两次不舒适的体验后，这双鞋也就被束之高阁了。

在购买鞋子的路上，刘总走了很多弯路，大多只是因为鞋子的外观，以及导购的强烈推荐，太多的经验教训告诉她，“鞋子最重要的是舒适，美观却不舒适的鞋子会因为别扭的走路姿势出卖个人气场”。教训总结变成了实战经验，如今她越发懂得鞋子舒适的重要性，穿着舒适的鞋子、保持优雅的身姿、迈着矫健的步伐，整个人自信满满。

选择鞋子时，不被外在以及数量迷惑，懂得什么叫作适合。有时简单反而更有力量，鞋子和衣服一样，适合自己常出现的场合就行，过分的美观反而会喧宾夺主。就像如今的刘总，懂得不过多贪恋物质，让物品发挥本身的作用，简洁的外观，质感面料，舒适的穿着已经足够。

真正的极致应该是由繁到简，舒适的鞋子会带你走向更远的地方。

003

鞋子如同朋友，一开始我们会被它的外表吸引，但磨合久了才发现相比于漂亮的外在，惬意的相处模式、好的内在才更重要。

今年是张佳创业的第五年，每天早晨七点她都会准时做好早餐，与丈夫、女儿共进早餐后，八点到达工作室安排当天的工作。工作时的张佳是“拼命三郎”，为了赶工，她会带着工人一起去现场加班；生活中的张佳则是浪漫主义的化身，她会在周末与闺密小聚，节假日带着女儿看展，偶尔和老公一起约会、喝酒、谈心，收到朋友的干花时会第一时间布置房间和工作室。

很多人羡慕张佳的事业风生水起、家庭和睦无比，张佳会说：“我们太容易为外界声音所困扰，就像原本你穿着运动鞋很舒服，后来你发现别人都穿上了高跟鞋，哪怕你已经足够有气质，具备身高优势，你还是决定要尝试，即使脚上磨出了茧、流了血，直到你发现果真不合适，你才想要回到原来，只有适合自己的才是最好的。”

祝小兔的《万物皆有欢喜处》一书中有一段话描写老鞋匠：他总强调质量要好，可什么是质量好，他没有一个概括，大概就是他常说的舒服、耐穿、真皮实跟、不掺假。一双鞋关系到走路，鞋子穿不好，是要腰酸、膝盖痛的。

在众多鞋子前选择时，要多问自己，他人的看法无关紧要。鞋子永远穿在自己的脚上，它要陪伴你舒适出行，参加不同的场合，舒适的鞋子输出的是优雅、自信，反之，是疼痛难忍、佝偻弯曲。找寻属于自己的那一双鞋子，用心倾听内心的感受，他人的建议只作参考即可。

纷繁复杂的社会里，不忘初心、不过多追求外在的欲望，努力追求内心想要的东西，找到与自己舒适的相处模式。

穿在脚上的鞋子一定要舒适，这样才可以优雅自得。愿你始终记得，“忘足，履之适也”。

房子是用来住的，不是用来炒的

001

2014 年，疯传河北的房子会涨价，我于是在河北石家庄买了套房，房子到手后，按照喜欢的样子对房间进行了简单装修，后来我变身为房东。

我的第一位租客是个年轻的姑娘，个子高挑，干净利落。看着她文静的样子，我心生欢喜，认为我的房子可以被用心对待，将被收拾得窗明几净。

在我进产房的前三天，她搬进了我的新房。当我在产房奋力等待生产时，她无数个催促的电话打了过来，一会让我给客厅安装空调，一会让我找工人帮她安装自己喜欢的窗帘……这一切只是开始。在坐月子的那段时间里，我事无巨细地帮她处理各类琐事，几乎快要疯掉，无论大小事情她都会第一时间来找我。等到退租时，我托家里人帮我处理，通过现场照片我才发现装修不到一年的房子已经有了很多被破坏的痕迹，那位租户留下来很多杂物也需要我们第一时间清理。

你要问当房东会有哪些好处，我至今没体会到；你要问我当房东有哪些不好，我可以告诉你很多，无数次电话骚扰，无数次跟各路神仙过招，物业、修理工，以及因为个人卫生习惯造成的家具损坏。作为一个怕麻烦还赚钱不多的人，我深深觉得：此生，一套房就够了。

相对于购买房子本身，装修这些开支似乎占比很少，但被糟蹋的房子，租客即使搬走，清理也将会是一项大工程，租金和房间的损坏程度相比，得不偿失，买来的房子不被租客爱惜，也是物品本身价值的一种损失。

就像网上曝光的极品租客：江苏泰城某小区有一位极品租客，五十多岁，众人眼中的她穿衣打扮相当讲究，某年一月搬到该小区，当时大家并未觉得有异常，随着天气转热，小区开始臭气熏天，尤其是其中的一栋楼。后来大家发动全小区的人一起找，最终锁定了该租客的房间。警察处理时，因无人应答，无奈撬开了房间的大门。打开房门后人们才发现，70 平方米的一室一厅里只剩下一条过道，房间到处堆满垃圾，床铺上也摆满了垃圾，连卫生间都没有立足的位置了。

了解自身需求在很多事情上显得尤为重要，主要的钱用作房屋购买，余钱作为投资，改善生活条件岂不是更好。虽说不是所有的租客都会那么奇葩，但房子如若出租，也要做好各种思想准备。房东不仅是收房租那么简单，有时也会是精神、金钱的双重消耗。

002

很多人穷尽一生，都在不断地追求物质，却忘记了享受生活。享受不是贪图安逸，而是懂得适时犒劳自己，这种犒劳是生活的不将就，是对物质恰当地追求，就像房子不仅仅让我们安身，也供我们安家立命一样。可很多人付出了一生的积蓄，到头来房子却只是房子，甚至成为消磨人的沉重枷锁。

前些日子刘师傅让同事帮忙给他儿子介绍对象，他是这样说的：“我儿子今年还在读大学，他妈妈担心他学的专业以后不太好找女朋友，所以想着要是有合适的女孩子可以介绍给他，房子我们已经买好了。”

刘师傅和妻子，年轻时便从老家出来打工，省吃俭用将攒下的钱买了两套房子，一套自住，一套投资。刘师傅的生活可以用拮据来形容，两人平时很少买衣服，能省则省，饮食上也习惯了将就。

本以为那套投资用的房子可以让自己赚得盆满钵满，可现实是，这几年，两人的生活越来越苦，却丝毫不能停下奋战的步伐，每月的工资除去还房贷、补贴家用之后所剩无几，逢年过节更是捉襟见肘。

我身边像刘师傅这样的人越来越多。随着房价的上涨，他们将毕生的积蓄都投资在了房产上，不舍得花一点钱来提升自己的生活质量，以至于本该轻松的年纪却拼了老命奋斗在一线。

买房是大事，需要“知己知彼”。跟风购买、入不敷出、犹豫不决，很多人在买房这件事情上受到太多外在因素影响，忘记了自身实际需求，被房子捆绑下的生活，幸福指数直线下降。我认为如若经济条件不允许，不妨将积蓄作为理财投资，让生活的品质加以改善。如果买房是刚需，购买前一定要多看、多了解，事先做好功课：了解开发商、楼盘、绿化、交通，自身经济实力以及需求重点。房子是为了孩子读书、日常居住、养老还是其他，然后侧重选择，最终的结果虽然不能达到完美，但至少不会因房屋质量或者硬性指标达不到要求而后悔万分。

房子一旦关联到了投资、炒作等其他方面，带来的就不再是幸福感，而是喜忧参半。如果房子只是为了居住，房市行情再怎么变化也和我无关，这样房子才有家的舒适与温馨。

003

有人说，房子反映了一个人的状态，这句话一点儿不假。房子是用来居住的，氛围的营造不完全取决于房间装修得多么华丽，而在于舒适。当房子有了家的感觉，整个人才会神清气爽，而能将生活经营得好的人，一般工作也不会差。

同事刘帆的家位于市中心，有一次我和她一起逛街，刘帆说她家就在附近，便邀请我去了她家。进门之后，我被眼前的场景吓住了，物品随意地丢在地上，沙发上散落了很多衣物，地面上也不够干净，我内心默默感叹“这么好的房子，真可惜”。

刘帆家的房子格局好、采光好，最重要的是地段好，出行特方便。刘帆说：当年她和老公省吃俭用，用攒下的钱买了婚房，那时候夫妻俩只是觉得结婚需要有个家，于是就买了现在的房子，只是谁也没有预料到如今这里房子的行情这么好，价格一路飙升。她的老公曾经不止一次想要卖掉房子，但都被她拦住了，因为现在还不是时候，毕竟房价涨得还是很快的，所以还想再等等。

因为夫妻俩始终认为这套房子终归是要卖出去的，也就不想多在装修上下功夫，更不想好好收拾房间。

作家陆苏在《把生活过成诗》当中有一段话：如果可以，我要过这样的日子，花覆屋檐，好风相从。流水今日，明月前生。这样的日子似乎只是从前，如今，多少人梦寐以求的房子却被得到它的主人以各种理由搪塞：不爱惜、不懂得经营，完全没有家的感觉。

住着再好的房子，如若不好好经营，便是辜负了房子的作用。买了房子就要好好对待它，装修不需要多么奢华，不一定要请专业设计公司进行设计，但至少要满足日常所需，在有限的预算中将家布置得温馨舒适。

了解装修流程，做好准备功课。清楚房屋构造，了解自身需求，前期可以多看看攻略，避免后期出现难以更改的问题，对于实在拿捏不定的问题可以请教专业人士。

确定装修风格。在预算不够的情况下，可以自己装修，也要想清楚家庭风格定位，以免硬装和软装部分的效果太随心所欲，反而坏了心情。我以前的同事在装修时因为前期没有计划，原本设计的田园风，最后被电视背景墙的装修效果破坏，艳丽的大花朵格外显眼，与整个房间的风格格格不入，但因为花了很多钱，预算又有限，只能将就，以致夫妻两人心有不甘。

做到预算可控。很多人第一次装修时手忙脚乱，前期的功课是为了避免一些不必要的错误，确保装修工作的顺利进行，但装修过程中也需要及时调整实际开销，设置合理的超支范围，做到预算可控。

房子是用来住的，不是用来炒的，提升自我幸福感才是关键。

有一部车用来代步就够了

001

幸福不是物质多么富足，而是对现有生活发自内心的满足与感恩。物质生活足够丰富的今天，恰到好处的幸福反而有了太多外来的影响，欲望膨胀下的焦虑意识不断浮现，导致盲目攀比，好车、豪车成为众多人追捧的目标……

我们怀念过去，憧憬未来，很多时候却享受不了当下。很多人以车的品牌来标榜自己的身份，衍生出好品牌代表形象好、地位高的观点，在盲目追求的道路上越走越远，与欲望不匹配的现实状况常常压得自己喘不过气来，于是高利贷等一系列负面新闻层出不穷。

穷与富，只是物质条件的一种衡量，生活的恰到好处、内在的丰盈才是真正的幸福。车子对于大多数人而言，只是作为代步工具满足日常所需；对于大老板而言，更多的是身份的象征——因为环境、工作、场合需要。好的品牌，如果不基于自身需求出发，反而会成为一种消费负担。

王林是一家企业的小职员，家境优渥，算是村里面比较富裕的人家。作为家里的独生子，他从小被父母宠着，要什么给什么。王林辍学之后很早便步入社会，内心的虚荣也显露无遗，品牌手表、品牌手机，这不看着同事买车的越来越多，王林也萌生了买车的念头。

最终，内心蠢蠢欲动的王林向家人提出买车的要求，家里人给了王林二十万元，建议他可以全款买一辆差不多的车，剩下的钱作为后续车辆保养的费用，因为王林每月五千元的工资只能满足日常所需。

王林却不这么认为，看着公司中层管理干部开的车都是非常不错的品牌，他就认为汽车品牌是个人地位和身份的象征。同事劝说王林，要量入为出适度消费，领导外出开好车是因为业务谈判需要，同时也是实力相当，对于普通员工而言，车子最直观的性能就是代步工具，别人并不会因为你开好车就高看你，也不会因为你开一般的车就低看你，因为车子品牌不能代表个人的实力，尊重是建立在人格的基础上的，一个人如果不靠谱，即使他开着百万豪车也不会得到更多的尊重。

同事的劝说，王林并没有听进去。后来，王林用这笔钱付了奥迪的首付。提车回来时，王林感觉整个人都“意气风发”了许多。可好景不长，车贷、日常保养、个人生活开销都需要钱，他开始找同事借钱、刷信用卡，能想到的办法都想到了，最终还是负债累累，同事对王林也是敬而远之。借不来钱，同事的态度他也能感觉到，更不好再向父母张口，无奈之下，王林卖掉了这辆不仅没有让自己风光无限反而产生了很多债务的车，换了一辆普通车，并用剩下的钱还了一部分债。

欲望要拿捏得当。电影《一代宗师》中有这样一句话：人活在世上，有的人活成了面子，有的人活成了里子。从呱呱坠地的那刻开始，我们就对这个世界充满了好奇，我们想要探索，想要获得，于是我们不断争取、不断努力。等到物质富足，我们发现，欲望却越来越多，想法越来越多，对比也越来越多，原来以为的幸福其实并未与物质数量形成正比。

对于普通人而言，无论价格多么昂贵、品牌多么响亮，终究抵不过一个性能：车子只是用来代步的，购买时一定要量入为出，适度消费。

002

物质生活富足后，很多人反而想要过删繁就简的生活，我们拼命努力不就是为了生活得更好吗，只是很多人努力过后却忘记适度享受生活的本真。幸福是现有物质满足生活到恰到好处，是内心的富足。

我身边的同事，大多都是附近的拆迁大户。这几年村里人的心态变化很快。以前村子没被拆迁时，很多人兢兢业业努力上班赚钱补贴家用，村子里的风气还是很好的，大家也过得挺幸福；但自从拆迁之后，有些人认为这些钱足够自己养老，于是买好车、高消费，年纪轻轻就赋闲在家。盲目的攀比成了人人“幸福”的来源，有的人即使找了工作也是三天打鱼两天晒网，开着车到处闲逛，等钱花得差不多的时候再出来找工作，却发现自己能干的工作已经很少了。

大海就是其中的一位拆迁大户，他在我们公司做保安已经六年了，工作努力负责，每次绩效等级评定在部门都名列前茅。我每天早晨在公司门口都能看到大海骑着自己的电瓶车来上班，热心地和身边的同事打招呼。下班时，大海会骑着自己的电瓶车去学校门口接孩子。和大海形成鲜明对比的是旁边一排排的小汽车，村里人人调侃大海，“有钱干吗现在不享受，干吗不给孩子提供好的条件，刮风下雨你自己不受罪，孩子也不受罪”。孩子也问大海：“为什么别的小朋友爸爸妈妈来接送都是小汽车，而我们家却是电瓶车。”

大海是这样回复的：“爸爸可以买小汽车，但是咱们家目前不需要小汽车，电瓶车有电瓶车的好处，我可以带着你边兜风边上学。”

其实，因外在的“认同”而获得的“幸福感”只是一时的，更多的幸福来源于内在。当有一天繁华落尽，剩下的只是空虚的落寞，因为他人的认同远不及自我内心的充实。一个人的幸福取决于自己的内在，外在的物质只是暂时的。就像车子在有的人看来只是工具，有的人却认为车子代表身份……内心原动力不同带来的感受也是不同的。作家毕淑敏在《恰到好处的幸福》中写过一段话：车子主要是代步工具，不必把它看成是硕大的勋章或是族徽，彰显财力不可一世。那不是幸福的氛围，而是自卑的秽气沿街抛洒。

一个人的认知决定了他的生活方式，当车子只是代步工具时，无论价钱昂贵与否、无论品牌有名与否都会觉得舒适无比；但当车子变成财富和身份的象征时，车子便不只是代步工具这么简单，它是自我意识的膨胀、是财力的彰显，更是亲朋好友眼中的“倍儿有面”。

003

外在的物质充足只是财富的累积，内在的充实才是幸福的源泉。有人将车子的品牌、数量看作财富的代表，认为自己不开好车不足以彰显尊贵；有人认为车子只是代步工具，无所谓品牌，没有也可以绿色出行，量力而为的适度消费反而让生活过得更幸福也更惬意。

作为普通人，日常购买用车时应该从实际需求出发。当今社会，交通拥堵已然成为很多地方的通病，太多人购买车的出发点已经不是自身的实际需求，而是人人都有车、家家都有车、车的品牌代表身份与地位，于是买车的欲望才不断膨胀，买了一部还想要第二部，买了这个牌子的还想要那个牌子的……即便你开了一辆百万豪车，也只是自己内心的一时风光，与实力不相匹配的外在又有何意义，将他人的目光强拉到自己身上，到头来只能是自己活受罪。

刚需购买车子时注重性价比。如今汽车品牌越来越多，推出的主题也越来越多，每款车型都有各自的优势，所以购买车型时不可完全被品牌冲昏了头脑，在有限的预算范围内，要根据用途选择适合自己的车型，同时了解必要的汽车知识（比如汽车马力、质量、发动机类型、动力传动方式、变速器等），追求最大的性价比。

梭罗说：把一切不属于生命的内容剔除，简化成最基本的形式。只有这样，才会保持幸福。丰富的人生从来不是欲望的无限制增加，而是思想的丰富、经验的累积以及内心的富足。越简单的生活，幸福指数越强。

物质带来的满足转瞬即逝，欲望与实际越来越不相符，当你明白车子其实只是代步工具之后，你会发现外在的东西其实没有那么重要，那些曾经让你纠结已久的东西似乎也没那么重要，将一切本不属于你的东西“请”出去，你会更加幸福。

工作，是对自己人生负责的方式

工作从来不会因为你是女性就对你怜香惜玉，上级分配给你的任务，你有义务将它做到极致。因为，工作带给你的除了谋生，更多的是生活的底气。

日剧《校队女孩河野悦子》的女主角河野悦子一直想从事编辑工作，直到面试第七次才成功，而进入的却是校对部。这里虽然接近自己的梦想，但工作内容很枯燥，然而河野悦子对待工作却极其认真，甚至可以用极致来形容。为了保证校对质量，达到正确无误，她经常会去现场“找真相”。悦子认为“不管做什么工作，只要全力去做，都能得到无穷快乐”，她的态度值得每个人学习。

现实生活中，有很多女性在职场上忘记自己的性别，充分发挥自己的价值，从而将工作做到了极致。关于工作的意义，稻盛和夫曾讲过这样一句话：工作是人生最尊贵、最重要、最有价值的行为，即使在苦难当中，只要拼命工作，就能带来不可思议的好运，工作不仅仅可以实现自我价值，同时也使得我们的生活丰富多彩，更有层次。

001

职场上会有一部分员工经常牢骚满腹，抱怨公司“政策不好，福利不好，不如 ×× 企业”等。员工抱怨很正常，因为十全十美的公司是不存在的，企业不可能做到让所有的员工满意。想要跳出抱怨这个圈子，达到自我满意与平衡，可以从以下几点来选择工作：

1. 你的职业生涯规划是什么？现有阶段你最注重的是什么？

个人职业生涯规划不是一成不变的，是随着自己在职场上的进展发生改变的。很多人在职场工作几年后，反而越来越模糊，甚至忘记自己的职业生涯规划。大公司有大公司的好处，规范化管理，丰厚的福利，模块分工更加精细；小公司有小公司的好处，事务繁杂可能也不专业，但锻炼的是一个人全面发展的能力。

2. 以现有的工作能力来衡量，企业给你的福利是否满意？如果不满意，那么现在是否有更好的机会向你招手？

如果答案是：离开这家公司你可以找到更好的，或者现有的平台不足以发挥你的价值，那么就要果断离开，找到一家更适合你的企业，实现自身价值的同时也能为你带来更好的福利。

但如果你的答案是：现有公司提供的福利和平台，与你自身的能力呈正相关，那么你一定要学会闭嘴，牢骚满腹带给你的只有负能量以及低效率。

3. 现有的瓶颈是否可以解决？

如果不可以就需要尽快调整自己的工作方向，或者重新选择。工作是为了满足温饱、实现个人所需，选择工作需要根据实际情况做出调整。

所有的选择都取决于你自己。天下之事哪有万般如意，选择适合自己的工作也是随着自身成长而发生变化的。

选择工作很重要，但好的工作心态更重要。

002

认真、负责任的工作态度。职场上，不管属于哪种类型的角色，都会有互相抱怨的情况发生，上层领导抱怨基层员工，基层员工抱怨上层领导。员工抱怨领导总是让自己做无足轻重的工作，时不时还会听到“也太 low 了吧，让我做这么基础的工作……”

可你有没有想过，基础的工作总得有人来做，现在你认为 low 的工作，谁不是从一开始做起来的呢？如果你想要有所提高，那么你可以在工作以外学习更多技能，或者从现有工作中学会梳理问题，尝试找到事物之间的一些联系。

和田一郎说："无论如何尽早投入到你现在所做的事情当中。"我以前的一位领导告诉我，之前她在行政部工作，日常工作涵盖接待、行政、各类会议等，甚至接待客人结束后，发票的粘贴也需要她自己完成。很多人贴发票时，一般都会嘟囔一句"我一个大学生，却来贴发票，太可笑了吧"，但她从未这样，她对发票内容进行分类整理，经过分析得出茶水的支出可以从两方面来节省：第一，在市场进行询价、议价，货比三家后，她做了一份分析表上报给公司，建议公司从中选择一家进行合作；第二，与合作的酒店搞好关系，要求茶叶自带，因为是大客户，所以合作的酒店也爽快地答应了要求。

就是这样一件在别人看起来很 low 的事情，她却从中发现了可以节省公司开销的办法，工作四年，她从总经办主任升职为事业部总经理。

认真对待手头的工作。职场上会有厌倦期，"重复性"的执行工作会让很多人心生不满，草草了事。当你秉持认真的工作态度，无论身居何职，都能始终如一地对待工作，而不是应付差事，就不会让工作的质量随着心情发生改变。

有责任心。有责任心的人不会只顾及眼前的工作，也不会以为工作完成便是了，而是任何时候都能以点带面地去做那些别人眼中“不是自己的事情”。长久以来别人口中的“傻白甜”反而成长最快，因为他们付出的努力稍稍加以总结便是经验，更是深刻的思考。

负能量是可以影响一个人的好运的，所以别总抱怨现有的工作 low。职场中，不断总结才是工作的正确打开方式，保持好的工作态度，有条不紊地做事，你带给大家的印象自然会是足够专业与靠谱的。

003

诚信乃立身根本。电视剧《那年花开月正圆》里面有这样一个桥段：吴家一批货缺少药材，周莹“自作聪明”地建议吴家采用杜鹃花替代血竭，这样不仅不减药性、按时交货，还能降低成本。大当家吴蔚文大发雷霆，说自己是“三硬商人”，人硬、货硬、脾气硬，并且质问周莹：“你知道我们吴家是怎么发家的吗？”周莹小声回答“卖货”。吴老爷指着墙壁上的两个字，大声告诉周莹是“诚信”。

人无诚信难自律，事无诚信乱秩序。国无诚信乱法制，家无诚信失规矩。诚信是一个人的立身之本，只是很多人在成长的过程中逐渐失去了诚信。

当一个人连信用都失去的时候，即使这个人的能力再强，企业也是万万不能录用的，失信更会让自己的职业道路多一份负面标签。

004

敢于担当。很多人高喊口号、怀揣梦想，却从不承担属于自己的责任。我们在工作中经常会见到遇到事情就推脱责任的人，他们的口头禅是“数据是 ×× 提供给我的”“这件事情和我没关系”。设想，当你作为该员工的上司时你的内心独白恐怕会是“你把责任都推给了其他人，我要你来干什么呢”？

出了问题着急和自己撇清关系，有了奖励第一时间出来邀功，这样的人很容易招致别人的反感，更不要说在职场中建立信任了。

不愿意承担责任、没有担当的人注定不能走远。

兄弟齐心，其利断金。一个优秀的团队，内部是有凝聚力的。如果你连最起码的责任心都没有，哪里谈得上“靠谱”，机遇与你失之交臂是再正常不过了。

005

持续的学习能力。日本作家斋藤孝在《能干的人和别人哪里不同》一书中提到现代社会中生存必备的三种能力：模仿（偷学）能力、策划能力以及表达能力。

社会发展得越来越快，对我们自身的要求也越来越高，碎片化时代分散了我们的专注度，也为我们带来了知识焦虑，因为要学的东西太多。该如何从自己喜欢的领域学习以及怎么学，都成了需要面对的问题。学习是一项持续的过程，系统学习，深耕自己喜欢的领域，这是自我提高的关键因素之一。持续的学习能力会让你保持充足干劲的同时，也让你不断地增值。

华东师范大学出版社社长王焰是中国出版业为数不多的女性掌门人之一，值三八妇女节来临之际，《国际出版周报》采访她时，她这样回答“关于为年轻的女性出版人提出的建议”：“要成为一个优秀出版人，女性出版人首先要成为一个优秀的人，做编辑工作更要有一些理想、情怀，需要热爱编辑工作，更重要的是具备很专业的学科知识，而且应该保持终身学习。”这条建议也同样适合很多职场女性，保持终身学习才是长久发展的动力。

当女性心中的知识丰富，修养足够，身上一定会散发出迷人的状态，那种状态不是搔首弄姿，不是卖弄风情，而是自信、优雅、从容和足够的底气，可以不卑不亢地面对任何人。

工作对于女性而言，从来不是他人给出的定义，也不是由别人安排，而是由自己做主、自己寻找、自己赋予工作更多的意义，做好你的本职工作，成为智慧女性，你就会乐在其中。

不喜欢做的琐事可以交给专业人士

英国有一家叫“Inner Me”的公司做过一项调查：“女性在什么年龄最快乐，什么年龄压力最大”，参与调查的女性的年龄在 20 ~ 60 岁。

结果显示，大约 2/3 的参与者认为 25 岁时最开心，超过 1/2 的女性认为 34 岁时承受的压力最大，而且这会一直持续到 40 岁左右。

女性的压力在近 10 年几乎达到了顶峰——在步入婚姻，有了孩子后，压力更是呈梯度增长。

其实，在人生的每个年龄段都会遇到不开心的人和事。有些事，我们需要自我消化；而有些事，我们借助他人之手就可以轻松解决。

001

表姐是个麻利的人。她在学校时学习好，人又长得漂亮，深得老师、同学的喜欢。毕业后，她考取公务员，顺利进入机关工作。能歌善舞，性格豪爽的她很快成了领导，带领 20 人的团队，在工作中，没有她搞不定的人、理不清的事。

别看她在工作中很能干，但她有个弱点，就是不擅长做家务。她不仅不擅长，还打心眼里不喜欢做，只要想到家里那些杂事，她就恨不得天天工作。但是，生活可不是你不擅长做家务，就不需要做的。这不，家里要装修了，姐夫正巧又没在家，她只好硬着头皮自己上手了。

本来打算外包，但是想到装修里的猫腻，她决定自己盯装修。买料、找工人、设计房间，她都亲力亲为。这些事情也不是说她完全不擅长，只是事情太多了，每天都要和工人、工长沟通无数遍，有时还要到现场。工作、现场两头跑，所以经常会出岔子，表姐身心俱疲。

好不容易完成装修，她又发现清理卫生是一件费时、费力的工作，大到屋面小到犄角，都得仔细打扫。这次，她吸取了装修的教训，在网上找到了专业的保洁公司，保洁人员娴熟的技能，很快就结束“战斗”。一个人要浪费好几个夜晚却依然清理不干净的现场，被专业保洁一个下午就清理干净了，不仅节省了时间，也加快了清理进度，最终支付的费用也并没有多多少。

女人啊，没有必须要把自己逼成完美主义者。如果不擅长收拾房间，那就让保洁来打扫，自己只要负责指挥就好了。如果不擅长做饭，可以找钟点工啊。干吗非得跟自己过不去，去努力学做饭呢？节省下来的时间，可以多陪陪家人和孩子，岂不更美！

002

琳达是学校教育中心的行政总监，手下无人员分配，一个人要事无巨细地处理好很多事情，行政工作、学员考试相关工作（试卷批阅、成绩录入、教室管理、课程安排）、招生工作的宣传与发布……

琳达工作雷厉风行、沟通高效，但数据录入这件事情让她头疼不已，你做与不做它都在那里“等”着你。这件事耗费时间，常常做完时一整天的时间就没有了，可又不得不做，对于时刻追求完美的琳达来说，这件工作将她“折磨”得疲惫不堪。

后来琳达想想，这样的事每天都有，自己既不喜欢，也不擅长做，对自己的职业成长也没啥好处，干吗不找人帮自己做呢？于是，她在网上发了帖子，很快便找到了合适的人选。琳达发现，学生不仅做起来快，而且所花的费用也不是很高。虽然这笔钱她无法从公司支出，但是节省下来的时间可以让她做很多更重要的事，如与闺密喝茶、陪女儿做功课、重新提笔写作等。

回想起这一切，琳达觉得：不擅长什么并不重要，重要的是，自己要知道如何弥补这一缺陷。

《被讨厌的勇气》作者岸见一郎说：如果做的是自己喜欢的事情，即使刚开始没有钱赚，但越喜欢就越努力，也会期待不久后有经济上的回报，但经济上能否有回报，谁也说不准。艺术也一样，虽然不确定能否有回报，但如果创作是发自内心的，就会感受到内在的动力，创作时的态度也会有所不同。

工作不是你做得越多，获得就越多。你所获得的一切，都来自那些有极高价值的部分。对于低价值部分，如果不擅长，可以交给专业的人做。

也许,有人会说,谁会喜欢填写表格？谁会喜欢天天填写数字？可是，大千世界无奇不有，真的有人喜欢这样的工作。

我的一位同事非常不擅长写文案，但是每个项目都需要项目负责人写文案。同事找到我，让我帮忙，我爽快答应了。等到项目完工，她分了我 10% 的利润。而当我十分讨厌做 PPT 时，我也会找同事帮忙。同样在项目结束时，我也会分给她 10% 利润。这样的工作模式，让每个人都很开心，因为我们都找到了存在感和价值感。

工作能力的提升不仅仅是物质上的满足，也是从琐事中的偶尔抽离，将一些不重要、不喜欢、不擅长却又必须要做的事情交给专业的人士，看似花了钱，实则为自己节省更多的时间做更重要的事情，其实偶尔的“懒”是一种美好的工作态度。

003

如今的社会大环境和以前相比有太大的区别：女人不再只是在家相夫教子，也需要抛头露面，她们既要会生娃又要能升职、既要做家务又要做方案、既要貌美如花又要样样精通……没有家庭分工、没有设身处地，只有长久以来的任劳任怨与无怨无悔的付出。我们追求生活与工作的完美，追求事业与家庭双丰收，要求自己时刻努力，做好妻子、做好母亲、做好女儿，却忘了怎么做好自己。

多少女性上班时职场厮杀，下班后角色叠加，无论多晚回家、无论状态多差，都会迅速转变为好妈妈、好媳妇，一边带孩子，一边做家务。

蔡康永曾说：人生的幸福是什么样子的，我有一个简单的标准，如果不喜欢的事情，我们可以说不。该哭的时候我们要哭，该笑的时候我们要笑，因为只有充分而真实的体会过喜悦与悲伤，我们才有资格说人生是值得活的。

我们应该学会取舍，适当学会将不喜欢的琐事交给专业人士。哪些是不喜欢的琐事，衡量标准有两点：

一是自己不擅长，相比于现有的事情没那么重要的。此项工作可以通过等价交换的方式交给专业人员，至于要付出的成本，我们努力赚钱就好了。把省下来的时间和精力花在更有价值、自己更喜欢的、更值得去做的事情上，岂不是更开心。

二是繁杂、技术含量低、可以找到替代人选的。有时候，我们总要面对一些技术含量低、工作量大而又浪费时间的事情，同时还有更重要的事情等待着你去处理，这些事情会让你心烦意乱。如果此项事情非你不可，不妨将它交给专业人士去做，这样自己也会很轻松，有更多的时间处理重要的事情。

将不喜欢的琐事交给专业人士，你可以腾出时间来做自己喜欢

的事，和朋友喝下午茶，专心致志地参加各种活动，坦然面对，片刻的休息是为了更好地出发。女性不是职场超人、不是完美太太、不是完美妈妈、更不是完美的家庭主妇，有的时候“糟糕”一些没什么不好。

结语

这么简单就足够了

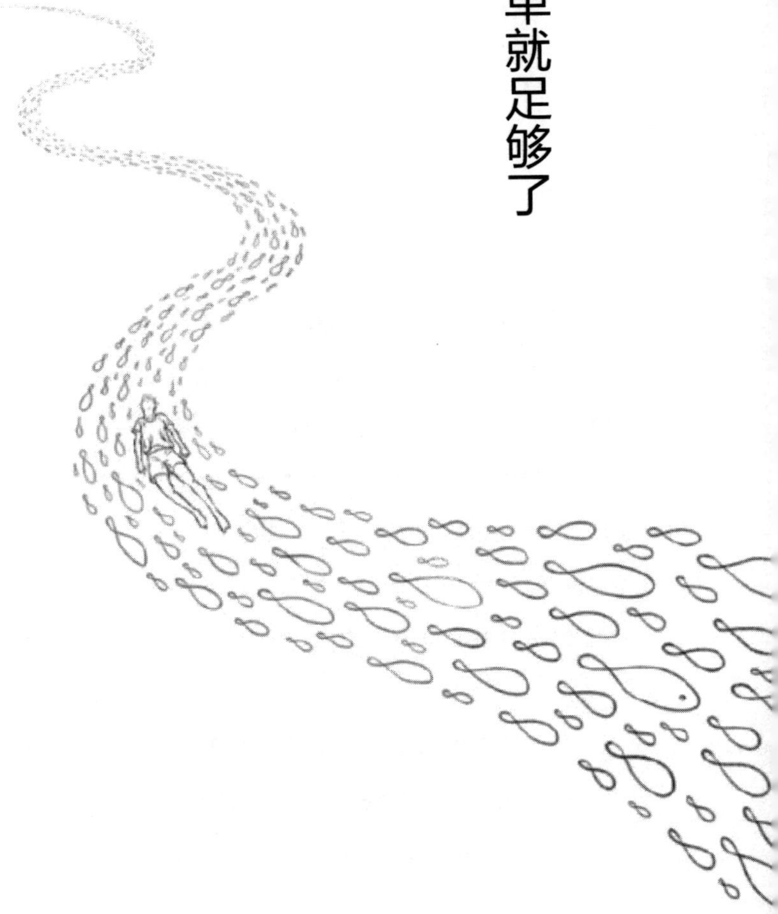

以简单的方式过一生

奶奶常说一句话："现在的生活真好，我很幸福。"经历过逃荒、离婚、再婚，八十八岁的奶奶生活得很开心，有饭吃意味着不挨饿，逢年过节再加点肉就能开心得合不拢嘴；有衣穿不用缝缝补补，干干净净就足矣；家具不用太新颖，能用就好……她从不因过多的外在欲望束缚自己的内心，以简单的心态享受生活变化带来的幸福。这种状态很真实，是无法用金钱买到的，因为洋溢在奶奶脸上的幸福是发自内心的。

社会发展如此之快，越来越多的人追求成长，但似乎欲望与成长不成正比，一些畸形的价值观衍生出了太多人不正常的成长轨迹，越来越多的人由简单到复杂，最后迷失了自己。

曾经，车子是代步的工具，量力而行地购买才行，但在攀比的氛围下，越来越多的人开始盲目追求品牌，认为车子是地位的代表。可对于普通人而言，买车子的出发点不应该是不受风吹日晒、方便出行的工具吗，别人不会因为你开好车就高看你一等，更不会因为你没有车从内心贬低你。一个品性特差的人，即使开了世界名车，也不会有谁会因为车子品牌发自内心地尊重你。

曾经，有家便是幸福，因为这里有恩爱的伴侣、有乖巧懂事的孩子，可如今家带给的满足不再简单。结婚的首要条件是有房有车，还要付全款，买了房子想要炒房，房子居住的功能也逐渐退化，俨然成了夜里睡觉的地方；家里塞满了漂亮衣服、鞋子、包包，凭心情买下，填满了内心的空缺，不久却发现还是不够；心心念念的旅游之处，原本是开心和不同文化下的包容体验，如今却是抱怨，走马观花地体验与晒照留念。在买买买、比比比的路上，我们究竟还能走多远，快乐也大不如从前，停留片刻便匆匆离开。

被物质侵袭得太久反而不容易回归简单。简单的生活究竟是什么，是你发现衣服能穿的不过就是那么几件；鞋子本来就是要舒适；房子就是用来住的；工作就是用来提升自己的；买东西时不再欲望膨胀，而是消费时的量力而行；做事情时也不再被他人的价值观影响过多，想做什么便去做了，想过怎样的生活便去过了；有人留在大城市生活，有人回归小城市未尝不可；穿自己喜欢的衣服，管别人怎么评价，你的一辈子更应该为自己而活。

外在的欲望带来的只是内心暂时的满足，如果一个人本身就缺少内心的安定，永远想要更好的生活，将自己放在由此到彼的路途中，不愿意接受现在，无止境地陷入对未来生活的向往，更不懂得珍惜眼前生活的简单自在，永远都觉得别人的生活更好，那么这个人是不会太幸福的。

生活的幸福从来不是别人定义的，物质条件只是基础而已。内心的丰富与笃定才是幸福的源泉，简单一点又如何，简单带给自己的是学会享受生活，也是学会发现生活中更多的小确幸，不让自己被过多的物质迷失了双眼。

人生在世，要学会喜欢自己，做自己喜欢的人，让生活简单一些，温暖自己，也会温暖他人。学会远离那些不喜欢的人和事，淡然处之，简简单单地生活便很幸福。

过自己想过的生活。不要机械地重复着同样的事情，那和死有什么区别呢？你可以在小庭院欣赏繁花相伴，泡一壶好茶，写一篇文章，也可以在市里的家种下一棵绿植，抑或是独自行走看到不一样风景时的会心一笑。何种环境不重要，重要的是心境，一点点简单带来的都是无限满足。

对现有的世俗生活保持尊重，简简单单地去生活，让内心成长为一棵树，坚定挺拔，始终不倒。一个始终可以保持简单生活的人最不简单，因为无论何时何地他都能生活得很好，也会生活得很开心。

和简单的一切在一起，才是人生最大的富足，不贪恋现在、不迷惘未来，享受当下，不多不少、不紧不慢，一切刚刚好。

后 记

对于生活，我也处于一个摸索的阶段，从原有散乱而复杂的生活当中渐渐悟出一些道理。本书最终得以出版，特别感谢为之付出的人，编辑不厌其烦地提出意见且给出独到的建议，经过无数次的打磨，最终得以呈现。可以说这是一本书，也可以从某种程度上说这是经验的分享、生活感悟的交流，写下这本书也算是给自己过往的生活经验做一个总结。

没有谁的生活是一帆风顺的，也没有谁一开始就是按照自己的意愿过一生的。成年人的世界里，我们有压力，也会被各种各样的环境感染，但唯一不变的是我们始终保持生活的选择权。努力读书、努力工作、负重前行，我们不过是想要过上更好的生活，或者拥有更多的权利，找到更多的机会选择自己喜欢的生活方式，可为什么随着我们努力的程度越大反而越走越远，越来越违背初心呢?

生活不会因为你的快步前行而大放光彩，却会因为你良好的状态获得足够的反馈。饱满的状态、坚定的信念，专注当下，你会更加懂得什么叫作真正的享受，什么是对既有生活的满足。这样的状态我很欣赏，也一直在尝试，在践行。

我们不足以改变世界，却可以保持不被世界改变。成为自己是我们毕生的功课，学会爱自己，也要学会爱生活，刚刚好的状态便是恰到好处。在做自己与取悦他人之间找到平衡，当你清楚地知道想要的生活状态时，全世界都会为你让路。

多年来，我通过自己喜欢的写作来尝试输出，希望保持写作热忱的同时也与更多心灵相通的人保持交流。这本书，有美好也有残缺，美好的是我将内心的感悟尝试分享，残缺的是虽然用心输出，但依然有不足之处，也希望得到更多的指正与交流。

生命的到来便是灵动，选择那些让你变美的事物，选取那些美好有意义的事物，生活不止眼前的苟且，还有生活得刚刚好，愿我的文字带给你足够的温暖，陪伴你前行；愿你坚毅面对每一天，不慌不忙、不急不躁、宠辱不惊；愿你某天再回首时，一路都是美好的时光。

不盲目追求、不随意攀比，恰到好处的生活便好；活得漂亮、活得讲究、活得认真，专注活出自己，便是好好生活的最佳表现，带着刚刚好的信念，去过自己喜欢的生活吧。

在简单的欲望中保持丰富的自己，此足矣。

图书在版编目（CIP）数据

以简单的方式过一生 / 独行著. —北京：中国工人出版社，2019.7
ISBN 978-7-5008-7217-7

Ⅰ. ①以… Ⅱ. ①独… Ⅲ. ①生活方式－通俗读物 Ⅳ. ①C913.3-49

中国版本图书馆CIP数据核字（2019）第129798号

以简单的方式过一生

出 版 人	王娇萍
责任编辑	葛忠雨
责任印制	黄　丽
出版发行	中国工人出版社
地　　址	北京市东城区鼓楼外大街45号　邮编：100120
网　　址	http://www.wp-china.com
电　　话	（010）62005043（总编室）　（010）62005039（印制管理中心） （010）62379038（社科文艺分社）
发行热线	（010）62005049　（010）62005042（传真）
经　　销	各地书店
印　　刷	天津嘉恒印务有限公司
开　　本	880毫米×1230毫米　1/32
印　　张	8　彩插：0.25
字　　数	185千字
版　　次	2019年8月第1版　2020年4月第2次印刷
定　　价	39.80元